JN203595

環境経済システムの計算理論

山本秀一

はじめに

背景

何年前になるだろうか．私は知人に誘われて，とある湖の集水域に立地するいくつかの染織工場を訪れた．工場訪問の目的は，廃水処理施設のヒアリング調査である．廃水処理の限界費用を知ることができれば，環境政策の経済的手段の定量的な評価に寄与するからである．

調査に訪れた工場では，処理施設について説明する多くの人々に出会った．訪れた工場の廃水処理施設は規制の水準を達成するには，いずれも性能的に十分なものであり，なかには十分以上の性能を持っているものも少なくなかった．印象的だったのは，彼らには自分たちが地域の環境を守っているんだという強い気概，あるいは誇りのようなものを感じたことである．

もちろん，そのような処理施設の設置は，行政の巧みな規制・誘導措置の結果でもあるし，また，工場は経済的に採算の合わない行動をとるはずもない．その意味で，十分な性能を持った廃水処理施設を設置することは，工場にとって経済合理的であるはずだ．

しかしながら，私がそこで考えたのは，環境保全のための制度がうまく機能するためには，もちろん制度の内容そのものも重要であるが，それらを受容する社会のありようも同時に，あるいはそれ以上に重要なのではないかということであった．

工場は，単に生産過程への投入－産出を行う存在とするには，あまりに複雑すぎるように思われる．工場は，いわば，その地域社会に埋め込まれた存在であり，その行動は，それを取り巻く周囲の状況との相互作用によって生み出されているのではないか．環境保全的な行動は，その結果の1つとして現れたものではないのか．では，それは，どのような構造のもとに生み出されるのか．私は，このような思考に形式的なかたちを与えたいと思った．

経済学は，幸いなことに，複数主体の相互作用を分析する道具——ゲーム理論——を持っている．ゲームモデルのひとつとして，「湖水」というゲームがある[1]．このモデルの詳細については，第1章で述べることとして，ここでは，先に述べた問題を考察するには格好の素材であるというに留めておこう．本書の目的は，この「湖水」モデルを中心に，環境資源をめぐる複数主体間の相互作用についての理論的な考察を行うことである．

方法

ゲーム理論では，ナッシュ均衡という概念によって，モデルの解の分析がなされるのが標準的なアプローチとなっている．ところで，このナッシュ均衡は，経済主体が特定の行動様式をとることを暗黙の前提としている．仮に，分析対象が，その前提を満たさない場合はどのように対処するのか．実は，これに対する明確な方法は用意されているわけではない．

経済学における理論的分析には，数学が用いられる．なぜ，数学が用いられるのか．経済という分析対象が数量的な扱いに比較的馴染むということもあろうが，本来は，長く複雑な論理的推論を支援するためである．その数学的支援のもとに，自在に仮説を変更し，それぞれの仮説の帰結について，現実との対応関係・含意を分析する．これが，理論的分析の王道であろう．

ところが，この「仮説を変更する」というのが，経済学ではなぜか不自由なことが多い．理論的モデルを構成する仮説として第1に重要なのは，経済主体の行動仮説であろう．これを変更しようとすると，非常にやっかいなことになる．ゲーム理論においても同様のことがいえる．詳細は，第1章で扱うとし

[1] Shapley-Shubik [54].

て，ここでは，議論の大枠だけ述べることにするが，少なくとも経済学で使用されるゲーム理論では，

- ナッシュ均衡 = ゲームの解き方 = 経済主体の行動仮説

という関係が成り立っている．このような構造のもとで，経済主体の行動仮説を変更すると，ナッシュ均衡とは別の，ゲームを解く新たな方法を見つけなければならない[2]．そのため，経済学では「行動仮説を変更する」ことは，非常にやっかいな作業となるのである．

このことは，新古典派経済学における，経済主体の合理的行動仮説にも同様にあてはまる．新古典派経済学では，

- 主体均衡 = 制約条件のもとで目的関数最大化 = 経済主体の行動仮説

という類似の構造となっている．したがって，ここでも，経済主体の行動仮説を変更することは，数学的モデルの新たな解き方，あるいは解析手法を見い出さねばならないのである．

つまり，経済学では，数学的モデルを解くための手段・概念が，行動仮説と密接にリンクしているので，行動仮説を変更すると，数学的モデルを解く手段が，一旦失われてしまうのである．理論的分析において，「行動仮説の変更」が不自由なのは，以上のような理由が大きいと考えられる．

主体の行動仮説変更が不自由というのは，いかにも窮屈である．それでは，ゲームという，主体間の複雑な相互作用を分析する枠組みを持ちながら，十全に活用しきれていないようにみえる．

そこで，本書では，複雑で長い論理的推論を支援するための道具として，コンピュータ・シミュレーションを用いることにした．コンピュータ・シミュレーションならば，行動仮説を変更したとて，解き方に困ることはない．ただし，コンピュータ・シミュレーションといっても，微分方程式などを数値解析

---

[2] 最近では，ナッシュ均衡以外に「進化的に安定な戦略 (evolutionary stable strategy, ESS)」と呼ばれる概念が用いられることがある．これについては，メイナードスミス [37] を参照．

的に解く，いわゆる数値シミュレーションとは質的に異なる．ここでのアプローチの主役は，エージェント (agent) と呼ばれる主体である．エージェントとは，自律した計算主体を指すことばである．ここで自律性とは，意思決定にまつわるあらゆる手続きを自ら実行する，というほどの意味である．

本書のシミュレーション・プログラムにおいては，経済主体は，エージェントとして実装される．つまり，経済主体の行動様式，主体間の相互作用は，すべてプログラムとして記述されるのである．モデルは，論理的な矛盾がなければ，仮想的な経済過程の振舞いの適切なデータを生成し続けてくれる．そのデータを分析することによって，エージェントの相互作用とシミュレーション・モデルが生成した現象との関係を考察するのである．このような分析方法は，エージェントベース・アプローチ (agent based approach) と呼ばれている[3)]．

数値解析的なシミュレーションでは，問題を解くのは，実質的にはモデル作成者（つまり人間）であり，コンピュータの役割はその計算の手助けをするに過ぎない．一方，エージェントベース・アプローチでは，問題を解くのはプログラムとして実現された複数のエージェントたち（つまりソフトウェア）自身である．そのため，エージェントのソフトウェアとしての能力によっては，与えられた問題をうまく解ける場合もあればそうでない場合もありうる．

エージェントベース・アプローチは，生物システム，経済や社会システムなどの，より複雑な現象を解析するために用いられることが多いようである．しかし，本書では，「柔軟に仮説を変更することが可能な論理的推論の道具」としての側面に力点を置いて，適用している．したがって，扱われている素材としては，さほど複雑なものではない．それよりも，標準的な経済行動仮説による数学的分析とシミュレーションによる分析とを可能な限り比較し，異なる仮説によって論理的推論の帰結にどのような差異をもたらすのか，あるいはもた

[3)] Axelrod [9] はこの方法を，数学的モデルによって均衡解を演繹的に求めて分析する方法や，統計データによる帰納的な分析方法とは異なる，社会科学における第 3 の分析方法と位置づけている．より幅広い観点からこの分野に関するサーベイをしたものとして，和泉・植田 [30] がある．

らさないのかを検討するよう努めた.

本書の目的と構成

本書は，以上のような背景，方法をもとに，「湖水」と呼ばれるゲーム・モデルを素材に，自然環境と複数主体の相互作用をコンピュータ・シミュレーションによって分析したものである[4]．「湖水」は，閉鎖系環境経済システムの特質をうまく抽象化したモデルとみなすことができる．本書の内容は，いわば仮想の閉鎖系環境経済システムをコンピュータ上に実装し，その振舞いを分析したものということができるだろう．

エージェントの行動様式，すなわち行動仮説をプログラムとして実装するために，人工知能 (artificial intelligence) の技術が使用される．それらに関する必要な知識についての記述は，本書だけで一応完結するように努めた．

第 1 章では，まず，「湖水」モデルを詳細に解説する．本書の分析対象は，「湖水」の無限繰り返しゲーム——本書ではこれをコモンズ・ゲームと呼ぶ——である．次に，ゲーム理論における標準的な解概念である，ナッシュ均衡とその前提となる行動仮説を検討する．それをもとに，N 人無限繰り返しゲームのもとでの適切な戦略が持つべき要件について考察する．

第 2 章では，経済過程がダーウィン的な進化過程であると想定してシミュレーションを行う．ここで採用されるのは，遺伝的アルゴリズム (genetic algorithm) と呼ばれる進化的計算手続きである．最初に遺伝的アルゴリズムに関する基本的な内容を説明する．次に，進化アルゴリズムを用いた経済主体の行動仮説を設定し，シミュレーションモデルを構築する．シミュレーションの後に，分析結果と遺伝的アルゴリズムの経済分析への適用についての考察を行った．

第 3 章では，経済主体が環境の変化に対して，学習によって行動ルールを適

[4] シミュレーション・プログラムの開発は，Linux 上で C 言語によって行われた．また本書の組版は，pLaTeX 2ε によって jsbook ドキュメントクラスをベースに行われた．

応的に変更すると想定してシミュレーションを行う．最初に，代表的な強化学習 (reinforcement learning) アルゴリズムについて解説する．本章では，「実例に基づく強化学習法」[5]に手を加えた学習アルゴリズムを提案する．それによって，2 つの異なる行動仮説を設定し，シミュレーション分析を行った．最後に，遺伝的アルゴリズムによるシミュレーションとの比較・考察を試みた．

前 2 章が，方法論的な内容に力点を置いたものとなっているのに対して，第 4 章では，Ostrom [49] の歴史上に実在したコモンズの制度的分析の議論を補助線に，応用的な分析を試みた．この章では，「湖水」モデルを制度生成の視点から分析した Okada [46] を検討し，2 つのシミュレーション・モデルを構築する．ここで採用される行動仮説 = アルゴリズムは，第 3 章で提案した学習アルゴリズムである．2 つのシミュレーション・モデルは，2 つの異なる制度に対応する．それら制度導入による効果を，数学モデルによる解析的な分析と比較することによって考察した．

[5] 畝見 [69].

目次

図目次

表目次

第1章

コモンズ・ゲーム

1.1 コモンズ・ゲーム

1.1.1 湖水の問題

「湖水 (The Lake)」と呼ばれる，ゲーム理論ではよく知られたモデルがある[1]．「湖水」の問題では，以下のような状況が設定される[2]．

> 湖の周辺に n 個の工場が立地している．工場は湖水を利用して生産物を生産し，その後に廃水を湖に流す．廃水処理装置の費用を K とする．また，工場は生産を行うには湖水を浄化する必要があり，その費用は νL であるとしよう．ただし，ν は，廃水処理装置を設置していない工場の数であり，$L < K < nL$ であるとする．

少し捕捉しよう．湖のまわりに複数の工場が立地している．おのおのの工場はなんらかの生産活動を行っており，その過程において「湖水」を利用する必要がある，という想定である．湖水は周辺工場の共有の環境資源であり，その利用は無料とする．

---

[1] ゲーム理論の詳細については，岡田 [48]，ギボンズ [15] を参照．

[2] Shapley-Shubik [54].

生産過程において利用された湖水は，利用の後には廃水として湖に排出される．工場が生産過程において発生した廃水を何らの処理を施さずに排出するならば，当然湖は汚染されることになる．

そこで，工場には廃水の汚濁を処理するための手段が与えられている．そのコストは，おのおのの工場共通で K である．K は廃水処理装置の固定費用である．ただし，廃水処理装置を設置するかどうかは，各工場の自由意思にまかされている．

廃水処理装置を設置する工場が少ないと，工場廃水による湖の汚染度が上昇し，湖水を生産過程に投入することの困難度が高まる．各工場は，取水した湖水を浄化することによってこの問題に対処しなければならないのだが，これにもコストが必要となる．取水浄化のためのコストは，廃水処理装置を設置していない工場の数を ν として，おのおのの工場共通で νL である．L は取水浄化の限界費用を意味している．

各工場は自らの被る費用をできるだけ小さくするような行動を取るものとされる．行動の選択肢は，「廃水処理装置を設置する」か「設置しない」かのいずれかである．このような設定のもとで，工場はどのような選択を行うのか，湖と工場は破局から逃れることができるのかを考察しようというのが，「湖水」の問題である．

「湖水」の問題は次のように定式化される．$N = \{1, 2, \ldots, n\}$ を工場の集合とする．すべての工場 $i \in N$ は，C_i（廃水処理装置を設置する）か D_i（設置しない）のいずれかを選択しなければならない．さらに，他の工場で廃水処理装置を設置したものの数を h とすると，このとき，各工場 $(i = 1, 2, \ldots, n)$ の費用関数は次のようになる[3]．

$$f_i(a_i, h) = \begin{cases} -K - (n - h - 1)L & \text{if } a_i = C_i \\ -(n - h)L & \text{if } a_i = D_i \end{cases} \tag{1.1}$$

ここで，$L < K < nL$，かつ $n \geq 3$ である．a_i は工場 i が選択した行動である．また，ν にかわって，廃水処理装置を設置した他の工場の数 h を導入して

[3] Shapley-Shubik [54].

いるが，2つの変数の関係は次のようになる．すなわち，廃水処理装置を設置する場合は$v = n - h - 1$であり，設置しない場合は$v = n - h$である．

各工場は自らの総費用を最小化するように，「廃水の汚濁削減設備を設置する」か，「設置しない」かの選択をしなければならない．ただし，各工場は行動を同時に決定するものとされる．

1.1.2 N人囚人のジレンマ・ゲームとしての「湖水」の問題

「湖水」の問題は，N人囚人のジレンマ・ゲーム (N Person Prisners' Dilemma Game) と呼ばれるモデルと同じ構造を持っている[4]．このゲームでは，各プレーヤーは「協調」か「裏切り」かという2つの選択肢のうちのいずれかを選択しなければならない．ゲームの利得構造は，次の2点によって特徴づけられる．

1. それぞれのプレーヤーにとって，「裏切り」を選択した結果得られる利得は，「協調」を選択したプレーヤーの数に関係なく，「協調」を選択した結果得られる利得より常に大きい．
2. プレーヤー全員が「裏切り」を選択した結果それぞれのプレーヤーが得る利得は，全員が「協調」を選択した結果得られる利得よりも小さい．

ただし，ゲームの参加者は，3人以上でなければならない ($n \geq 3$)．このゲームを構成するプレーヤーは，これら2点で示された利得構造を既知であり，自らの利得を最大化する行動を選択すると仮定される．さらに，プレーヤーの行動選択は同時に行われるものとする．さて，プレーヤーはどのような行動を選

[4] このN人囚人のジレンマ・ゲームという呼称には少し注意が必要である．N(≥ 3) 人囚人のジレンマと呼ばれるゲームは，構造上の差異から，2つのタイプがあるからだ．日本語ではいずれも「N人囚人のジレンマ・ゲーム」という訳語になるため区別できないが，一方はN Person Prisoner's Dilemma Gameであり，もう一方は，N Person Prisoners' Dilemma Gameである．「湖水」の問題は後者の構造を持つ．混乱を避けるために，後者を社会的ジレンマ・ゲーム (Social Dilemma Game) と呼ぶ場合もある．両者の構造上の差異については，次章で考察する．

択するだろうか．

上に挙げた特徴1より，あるプレーヤーにとって，このゲームでは「裏切り」を選択した方が常に高い利得を得られるということがわかる．相手の行動に関わりなく最適になる戦略を，支配戦略 (dominant strategy) という．つまり，このゲームでは「裏切り」が「協調」を支配しているのである．他のプレーヤーについても同様に考えられるので，プレーヤー全員が「裏切り」を選択する結果となる．

ところが，上に挙げた特徴2より，全員「裏切り」の利得は全員「協調」を選択したときの利得よりも小さくなるのである．では，「協調」を選択すべきか．しかし，「裏切り」は「協調」を常に支配してるから，「協調」を選択することはみすみす低い利得に甘んじることになる．したがって，プレーヤーは個人としての合理性を追求すると「裏切り」を選択せざるを得ない．一方，個人の総計としての社会全体という観点からは，全員「裏切り」よりも全員「協調」の方が望ましい．このゲームは，個人としての合理性と社会全体としての合理性が両立し得ない状況——すなわち，ジレンマ——の論理的構造の1つを表現しているのである．

このゲームは，数学的には次のように記述される．$N = \{1, 2, \ldots, n\}$ をプレーヤー集合とし，すべてのプレーヤー $i \in N$ は，C_i（協調）か D_i（裏切り）のいずれかを選択するものとする．プレーヤー i の利得は，自分の行動だけでなく，協調行動を選択した他のプレーヤーの数にも依存することから，プレーヤー i の利得関数 は次のように書くことができる．

$$f_i(a_i, h),\ a_i = C_i \text{ or } D_i,\ h = 0, 1, \ldots, n-1 \tag{1.2}$$

ここで，a_i はプレーヤー i が選択した行動，h は協調行動をとった他のプレーヤーの数である．すべてのプレーヤーはこの同一の利得関数を持つと仮定する[5]．さらに，この利得関数について次の性質が要求される．

1. 利得の差 $f(D, h) - f(C, h)$ は，すべての $h(= 0, 1, \ldots, n-1)$ について正

[5] 以下では，混乱を生じないかぎりにおいて，添字を省略することがある．

かつ一定とする[6].

2. $f(C, n-1) > f(D, 0)$.
3. 関数 $f(C, h)$ は $h(=0, 1, \ldots, n-1)$ に関して単調増加である.

第1の性質は，すべてのプレーヤーは他のプレーヤーの行動に関係なく「協調」行動を選択するよりも「裏切り」を選択する方が利得が高いこと，すなわち，「裏切り」が「協調」を支配していることを定義したものである．ここで2つの行動の利得の差は，プレーヤーが「裏切り」を選択するインセンティブの強さと解釈することができる．

第2の性質は，全員「裏切り」の利得（すなわち，$f(D, 0)$）は全員「協調」の利得（すなわち，$f(C, n-1)$）よりも低いことを定式化したものである．

第3の性質は、「協調」行動を選択するプレーヤーの数が増えるにしたがって「協調」の利得が増加することを意味している．これと第1の性質から，「裏切り」行動の利得も同様に，「協調」行動を選択する他のプレーヤーの数が増えるにしたがって増加することがわかる．N人囚人のジレンマ・ゲームの利得構造においては，あるプレーヤーの「協調」行動は，他のプレーヤーの利得に対して正の外部性 を持つことを要求しているのである．図1.1は，以上の性質を持った利得関数を図示したものである．

次に，「湖水」の問題がN人囚人のジレンマ・ゲームとしての構造を持っていることを確認しよう．「湖水」の問題では，「廃水処理装置を設置する」がN人囚人のジレンマ・ゲームの「協調」にあたり，「廃水処理装置を設置しない」が「裏切り」に相当する．式1.1について，「裏切り」と「協調」の利得差は，

$$f_i(D_i, h) - f_i(C_i, h) = K - L$$

である．パラメータの条件 $L < K < nL$ より，$K - L$ は常に正であるから，

$$f_i(D_i, h) - f_i(C_i, h) = K - L > 0 \tag{1.3}$$

[6] 理論的に要求されるのは，h を所与としたときに2つの行動利得差が正であることであって，必ずしも一定である必要はないが，ここでは簡単のため一定とした．2つの行動の利得差が一定でない利得関数の例については，Schelling [55]，山岸 [58] を参照．

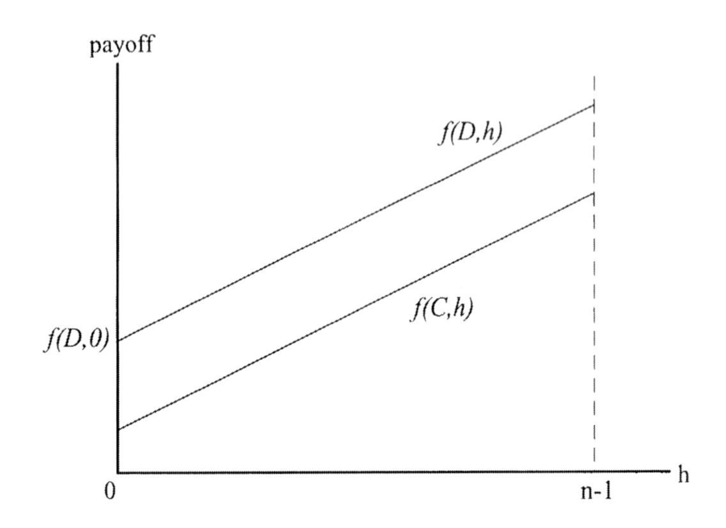

図 1.1: N 人囚人のジレンマ・ゲーム の利得関数

となって，N 人囚人のジレンマ・ゲームの利得構造の第 1 の性質を満たす．さらに，第 2 の性質については，

$$f_i(C_i,\ n-1) - f_i(D_i,\ 0) = nL - K > 0 \tag{1.4}$$

となり，これもパラメータの条件 $L < K < nL$ より満たされる．

最後に，式 1.1 は，他の工場が「協調」して「廃水処理装置を設置する」数 h に関して明らかに単調増加であるから，第 3 の性質も満たす．よって「湖水」の問題は，N 人囚人のジレンマ・ゲームと理論的に同じ構造を持っていることがわかる．

「湖水」の問題では，式 1.3 より，工場にとって「裏切り」，すなわち，「廃水処理装置を設置しない」が「設置する」を支配していることがわかる．したがって，すべての工場が「裏切って設置しない」を選択することがこのゲームの均衡点となる．すなわち，湖の汚染レベルは最悪の状況になるというのが，均衡点となるのである．「湖水」は，その利用に際して制限がなくかつ無料であり，すべての人々に開かれた共有資源である．「湖水」の問題は，そのような共有資源が崩壊する危機に直面する場合の，1つの論理構造を提供しているのである．

1.1.3 閉鎖系環境システムとしての「湖水」の問題

「湖水」の問題は，環境資源と，それを利用することによって生存をはかっている人間社会によって構成される，閉鎖系システムに共通の問題構造を描写したモデルと考えることも可能である．

「湖水」の問題では，明示的に記述されてはいないが，次のような想定をすることができる．すなわち，湖の汚染は湖自体の持つ自浄能力によってほぼまかなわれるものとし，湖に流入する河川水による浄化などは無視できるものとする．湖は閉鎖系環境システムとして，再生産を維持している．そこに，工場という「湖水」を利用する主体が現れる．工場は，湖水を利用し生産を行う．生産過程において発生した廃水は湖へ放出される．湖の自浄能力には限界があり，工場からの廃水の流入による汚染に対処するほどの能力を持ち得ていない．

湖の汚染は，廃水処理装置を設置していない工場が多ければ多いほど，深刻なものとなる．それは，「湖水」の問題においては，湖の汚染が深刻になればなるほど，工場の取水浄化費用が高騰していくことによって描写されている．取水浄化費用の限界的増分は L とし，廃水処理装置を設置していない工場の数を ν とすると，各工場の湖水からの取水浄化費用は νL である．これは，廃水処理設備を設置していない工場が増えれば増えるほど，湖水の利用にともなう浄水費用が比例して増加することを意味している．

この取水浄化費用の計算式が，「湖水」の問題が閉鎖系環境システムであることを端的に表している．工場が廃水の汚濁削減のための努力を怠れば，その分だけ湖の汚染度が高まる．そして，そのことが湖水からの取水浄化費用の増加というかたちで返ってくる．逆に，工場が廃水の汚濁削減に努めれば，その分だけ湖の汚染度が低減され，そのことが湖水の浄化費用の減少というかたちで返ってくる．工場の「湖水」の利用の仕方が「湖水」の水質へ影響を及ぼし，水質の水準は工場の支払うべき総費用に影響を与える．

このように，「湖水」の問題は，工場の支払うべき費用という経済変量を媒介にして，「湖水」という環境資源と工場という環境資源を利用する主体とが閉じたシステムを構成しているのである．「湖水」の問題は，湖とその湖水を利用して生産活動を行う工場との関係を描写したものであり，環境と経済の関係を考察する上で格好の素材を与えてくれるのである．

「湖水」の問題は，以上の一連の論理的構造に合致するのであれば，他の状況設定に読み換えることで，より一般的な状況を想定することが可能だ．「湖水」の問題において「湖」と呼んでいるのは，閉鎖系システムにおける環境資源を象徴的に表しているものであって，「湖」に限る必要はない．他の環境資源に読み替えることが可能である．「湖」はそれ自体の持つ浄化作用によってのみ再生を行い，存続している環境資源として想定され，その利用主体とともに閉鎖系のシステムを構成している．したがって，そのような特性を持つ環境資源であれば，「湖」に限る必然性はないのである．また，「工場」とは，そのような閉鎖系環境資源を利用し，自らの存続をはかろうとする主体であれば，「工場」である必要はない．「湖水」の問題は，環境と経済活動のかかわり合いの一般的な構造を描写しているのである．例えば，「コモンズ（共有地）の悲劇」として知られている問題も，同様の構造を持っているのである．

1.1.4 「コモンズの悲劇」としての「湖水」の問題

「コモンズの悲劇」はハーディン [19] によって提示された問題である．ここでは環境資源として，村の誰にでも開かれたある牧場とそこで家畜を飼育する人々を例にとって説明することにしよう．この牧場は「誰にでも開かれた」，すなわち，誰の利用に対しても障害が存在しないという意味で共有地ということができるだろう．

さて，村の家畜の所有者たちは，この共有地で家畜を飼育する．そして，1人1人の所有者は家畜を売ることによって得ることができる自己の利得をより大きくしようと考えているものとする．

まず，村の人々の飼育する家畜の合計数が，共有地の飼育許容量以下である場合を想定してみよう．この場合，仮に自らの所有する家畜の群れにさらに1頭の家畜を追加したとしても，自分の家畜に食べさせることのできる牧草量は減少することはないと思われる．したがって，自己の利益を大きくすることを考えるならば，彼は必ず家畜を1頭増やすだろう．なぜなら，それによってなんら損害を被ることなく家畜1頭分の利益を増加させることができるからである．家畜を飼育する村の人々が自己の利益をより大きくすることのみを考えるならば，同様に自分の所有する家畜の群れに1頭を加えることになる．つまり，家畜を飼育している村の人々全員が，家畜をさらに1頭加えるのである．村の人々の飼育する家畜の合計数が共有地の飼育許容量以下である場合には，どんどん家畜が増やされる．

しかし，いずれその限界を越える時がくる．その場合も，彼はさらに家畜を1頭を加えるべきか否かを考える．この場合，彼には利得と損失の両方がもたらされることがわかる．まず，彼はこの家畜1頭を売ることによって利益を得ることができる．他方で，家畜1頭を売ることによって得られる利益は減少していることが予想される．なぜなら，過放牧現象によって家畜1頭あたりの牧草が減少し，それによって家畜の大きさが以前より小さくなっているからである．

ところで，この追加的1頭からの利益は全部この所有者に帰する．一方，過放牧による損失は全家畜1頭あたりの牧草の減少によってもたらされるが，それらの損失がすべて所有者全体で平均化して負担されることになっているのがわかる．自分1人ぐらいが家畜を1頭増やすことによるこの損失はわずかにすぎない．したがって，1頭を加えた所有者への利得は彼の損失よりも大きいだろう．よって，彼は再び共有地に新たな1頭を加えることになる．同じように他の家畜を飼う村の人々も新たな1頭を加えることを決めるだろう．かくして，家畜を飼育する村の人々全員が，飼育許容量を越える前に比べて，下回る利益しか得られない結果となる．このプロセスは家畜1頭を加えることによって得られる利益が，それによってもたらされる牧草の減少による損失に等しくなるまで続けられるだろう．これはいずれ環境資源としての共有地の崩壊を招くことになろう．これが，「コモンズの悲劇」の寓話である．

このように，「コモンズの悲劇」は，「湖水」の問題と同様，閉鎖系の環境システムを表現しているのである．「コモンズの悲劇」という寓話は，閉鎖系システムについて環境経済学的な考察をする上で，重要なモデルを提供しているのだ[7]．そして，「コモンズの悲劇」もまた，N 人囚人のジレンマ・ゲームによって定式化可能である．ハーディンの「コモンズの悲劇」の寓話を，思い起こしてみよう．すなわち，そのストーリーは，

- 村人個人が自分の利益を考えると「家畜を増やす」を選択することになる．
- その結果，村全体に望ましくない結果をもたらす．
- 個人が「家畜を増やす」を選択することの損失は全プレーヤーに波及する（「家畜を増やさない」ことの利益も全プレーヤーに波及する）．

という特徴を持つ．N 人囚人のジレンマ・ゲームと「コモンズの悲劇」の論理的な同型性は，家畜を増加させるを「裏切り」，家畜を増やさないを「協調」と読み替えれば明らかであろう．このように，「コモンズの悲劇」の寓話は，N 人囚人のジレンマ・ゲームとして定式化できる．したがって，理論的には，「コモンズの悲劇」は「湖水」の問題と同じ構造を持っていることになる．具体的なイメージとしては，「コモンズの悲劇」における「牧草」を「湖水」に，「家畜を飼育する人々」を「工場」に，「家畜を増やさない／増やす」を「廃水処理装置を設置する／しない」と読み換えればよい．

ただし，N 人囚人のジレンマ・ゲームは「コモンズの悲劇」というストーリーの中で，これ以上家畜を増やすと村人個人にとってはまだ利益が損失を上回るが，村人全員が家畜を増やすならば，増やさない場合に比べて低い利得しか得られないという限界的 (Marginal) な状況をスナップ・ショットしたものであることに留意する必要がある．

---

[7] 歴史的に存在した「コモンズ（共有地）」と「コモンズの悲劇」におけるコモンズとは，制度としては異なるという指摘がある．例えば，鬼頭 [33] を参照．

1.1.5 コモンズ・ゲーム

はじめに，用語に関する確認と定義をしておく．第1に，“環境”という言葉についてである．これ以降，自然環境に相当する意味を持つ場合を環境と記述し，一般的な外界の意味として使用する場合を，「環境」と記述する．第2に，ゲーム理論では，ゲームを行う主体をプレーヤーと呼んでいるが，本書ではこれ以降，プレーヤーにかえてエージェント (agent) という呼称を用いる．エージェントとは，自律的に判断する計算主体を指す言葉である．エージェントを特徴づけるのは，その自律性である．プレーヤーという言葉にかえて用いるのは，自律性が主体モデルの主要な構成要件と考えるからである．

さらに本書では，社会を多数のエージェントによって構成されるものとしてとらえる．このような観点から，「湖水」の問題の構造を整理してみよう．

1.1.5.1 エージェント対環境の関係

図1.2は，エージェント対環境の関係を模式的に示したものである．エージェントは，環境の状態を入力情報として取得・認識し，行動を決定する．それによって，エージェントは環境へはたらきかけるのである．エージェントから環境へのはたらきかけによって環境の状態は変化し，エージェントに利得が与えられる．

1.1.5.2 多数エージェント間の関係

図1.3は，複数のエージェント間の関係を模式的に示したものである．図で，エージェント集団を囲む円は環境を，すなわち，閉鎖系システムの境界を表している．この図が示すように，湖水の問題ではエージェント間の直接的な相互作用はない．エージェント間の相互作用は，環境を介した間接的な応答のみである．そのため，個々のエージェントは，他のエージェントがどんな行動

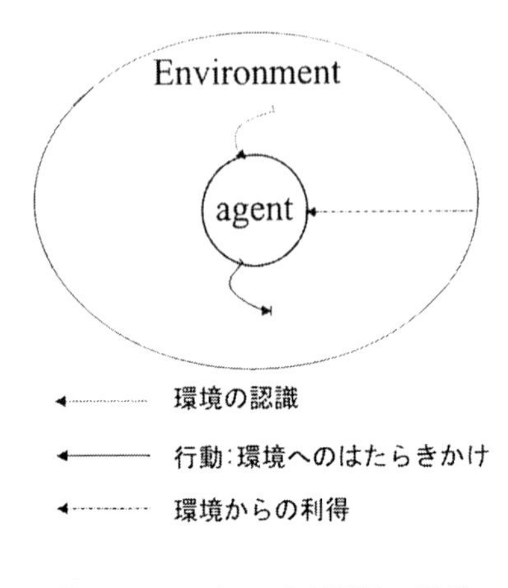

図 1.2: エージェント対環境の関係

をとっているのかを知ることができない．知ることができるのは，環境の状態の変化によって，「協調」，あるいは「裏切り」を選択した者がどのくらいの割合いるかである．ここでは，匿名性が多数エージェント間の特徴の1つとなっている．また，「湖水」の問題は，環境資源と，それを利用することによって生存をはかっている人間社会を模したものであるから，ある数以上のエージェント数で構成されていると考えるべきである．

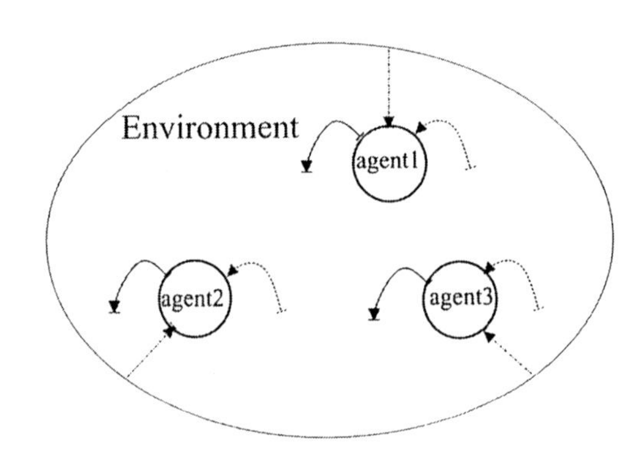

図 1.3: 多数エージェント間の関係（$n = 3$）

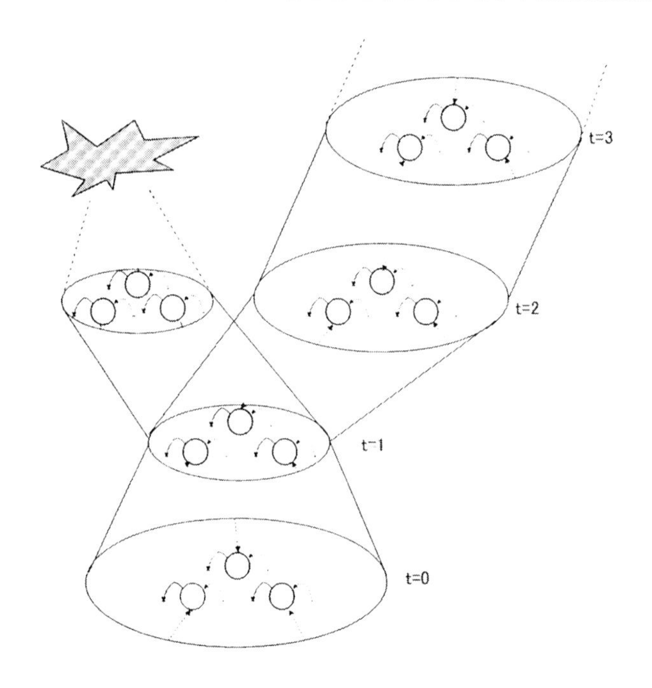

図 1.4: 多数エージェントと環境の変化 ($n = 3$)

1.1.5.3 多数エージェントと環境の変化

図 1.4 は，多数エージェントと環境の時間軸上の変化を模式的に表したものである．この図において，エージェント集団を囲む円の大きさは，環境の状態を表している．すなわち，「協調」を選択するエージェント比率が高く，湖水の水質が良好であることを相対的に大きな円で，逆に，「裏切り」をとる比率が高く湖水の水質が悪化していることを小さな円で表している．図 1.4 は，ある程度の水質を維持しながらシステムが持続する経路（図 1.4 右側）と，水質がどんどん悪化しシステムが破局を向かえる経路（図 1.4 左側）を，模式的に描写しているのである．

このように，「湖水」で描写される状況が継続的に発生する状況を想定する．

これは，「湖水」の無限繰り返しゲームによってモデル化することができる．無限繰り返しゲームの本質的な特徴は，エージェントがどの段階で，あるいはどのような条件においてゲームが終了するのを知らないことである．その特徴を備える限りにおいて，有限繰り返しゲームで代替することができる．このような「湖水」の問題で描写される多数エージェントと環境の関係が継起するゲームを，本書ではコモンズ・ゲームと呼ぶことにしよう．

コモンズ・ゲームでは，エージェントはゲームの各時点において「協調」して自分の工場に廃水処理装置を設置するか，「裏切り」を選択して設置しないかを決定しなくてはならない．ゲームのある時点において，廃水処理装置を設置したエージェントの比率を協調率と呼ぶことにしよう．この協調率は，湖水の水質を表す指標であると同時に，システム全体の平均的な経済的パフォーマンスを表す指標でもある．

湖水の水質は，廃水処理装置を設置するエージェントの数に比例するのであるから，エージェントの協調率が湖水の水質を表す指標と解釈することは妥当だろう．一方，湖水の水質は，エージェントの取水浄化費用に影響を与える．湖水の水質が向上すれば，エージェントは湖水からの取水浄化費用を節約することができる．逆に，水質が悪化すれば，浄化費用は上昇する．つまり，協調率の上昇は，各エージェントの浄化費用を一律に低下させ，協調率の低下は浄化費用を一律に上昇させるのである．協調率の水準はこのようなプロセスを通じて，エージェントの経済的パフォーマンスに影響を与えるのである．利得関数の性質より，エージェントの利得は協調者数について単調増加であるから，協調率の変化に対してエージェントの平均的な利得水準は比例する．したがって，協調率の水準はシステム全体の平均的な経済的パフォーマンスを示す指標と解釈することができる．また，システム全体の平均的パフォーマンスは，多数エージェントから構成される社会全体の合理性を測る尺度でもある．図1.4における，各時点の円の大きさは，協調率，あるいはシステム全体の平均的パフォーマンスを表しているのである．

コモンズ・ゲームでは，エージェントは水質変化を受動的に受け入れるだけの存在ではない．エージェントには湖水の水質そのものを向上させる手段として，廃水処理装置を設置することが与えられている．もちろん装置の設置には，費用がかかる．しかし，エージェントが廃水処理装置を設置することによって（そして，そのことによってのみ）湖水の水質が向上し，湖水を利用する際の浄化費用が節約できるのである．短期的には廃水処理装置を設置する費用が，水質の向上による浄化費用の節約分を上回る可能性がある．しかしながら，長期的な観点からは，廃水処理装置の設置によって，最終的にエージェントが支払う平均費用を安く済ませる可能性が存在するかもしれない．

1.2 エージェントの戦略について

1.2.1 ナッシュ均衡

ゲームを特徴づけるのは，多数のエージェント間の相互連関性である．相互連関性は，あるエージェントの利得が他のエージェントが選択する行動に依存することによって表現される．したがって，エージェントの意思決定プロセスにおいて第1に重要なことは，他エージェントの行動を予測することである．コモンズ・ゲームでは，他エージェントの行動を直接知ることはできないため，他エージェント集団の振舞いとして現れる「環境」の予測が重要になる．

「環境」の予測が重要であることは，すべてのエージェントにあてはまる．ゲームではエージェントが互いに相手の行動を予測し合いながら，より良い結果を得るための意思決定を行わなければならない．しかしながら，「環境」の予測は容易ではない．相互連関性の存在によって，エージェントは相手の行動の読み合いをすることになる．こちらが行動を変更すれば相手も変更する．それを見越して行動を変えれば，また相手も変える……という無限の連鎖に陥りかねない．すなわち，第2に重要な点は，おのおののエージェントは，互いの戦略を読み合う戦略的な集団を相手に行動を決定しなければならないということである．

エージェントは「環境」の変化を予測して行動を決定しなければならない

が，相手はこちらの予測を見込んで行動を決定しようとする．つまり，ゲームでは予測が非常に困難な状況下で予測を構成し，それに基づいて行動を決定しなくてはならないのである．ゲームの標準的な解概念であるナッシュ均衡 は，このような予測困難な状況への対応の仕方の 1 つを提供している．すなわち，相互依存性から生じた予測の困難性による決定不能状態を解決するその仕方である．いま，エージェント $i = 1, 2, \ldots, n$ のとりうる戦略集合を Y_i，ある戦略の組 $y = (y_1, y_2, \ldots, y_n)$ が各エージェントにもたらす利得を $u_i(y)$ で表すとしよう．すべてのエージェントが同時に行動を決定する場合，ナッシュ均衡は次のような条件を満たす戦略の組 y^* として定義される．

$$u_i(y^*) \geq u_i(y^*_{-i}, y_i) \ \ \forall i \ \ \forall y_i \in Y_i \tag{1.5}$$

ここで，(y^*_{-i}, y_i) は，エージェント i だけが与えられた戦略の組 y^* から離れた状態，$(y^*_1, \ldots, y^*_{i-1}, y_i, y^*_{i+1}, \ldots, y^*_n)$ にあることを表している．

同時手番のゲームが 1 回だけ行われるのではなく，時間の経過とともに次々と行動選択の機会が現れる動学的ゲームでは，ナッシュ均衡を拡張した概念が用いられる．動学的ゲームのある時点で，エージェント全員が過去に何が起ったかを完全に知っている場合に，その時点から始まるゲームを全体のゲームに対して部分ゲーム (subgame) という．そして，戦略の組 y^* がすべての部分ゲームにおいてナッシュ均衡になっているとき，これを部分ゲーム完全均衡 (subgame perfect equilibrium) という．

動学的ゲームにおけるエージェントの戦略とは，各時点のゲームで，それまでの各時点のゲームの結果に対してどのような行動を選択するかをいちいち指定したものである．例えば，最も単純な戦略としては，1 時点前のゲームの結果に対して今回の行動を対応させるというものである．他のエージェントの行動履歴を知ることができるのであれば，相手が過去に選択した行動に対して，今回のゲームでの行動を対応させる，というタイプの戦略をとることもできる．

1.2.2 コモンズ・ゲームのナッシュ均衡

では，コモンズ・ゲームにおけるナッシュ均衡をみていくことにしよう．コモンズ・ゲームは「湖水」の繰り返しゲームという動学的ゲームの一種である．繰り返しゲームにおける各エージェントの利得は，各時点のゲームで得られた利得の現在価値によって表される．割引因子 (discount factor) を δ とし，エージェント i の第 $t(<T)$ 時点の利得を $u_i^{(t)}$ とすると，利得の現在価値は，

$$u_i^{(1)} + \delta u_i^{(2)} + \delta^2 u_i^{(3)} + \ldots + \delta^{T-1} u_i^{(T)}$$

となる．とくに，無限繰り返しゲームの場合は，$T \to \infty$ となり，利得の現在価値は，

$$\sum_{t=1}^{\infty} \delta^{t-1} u_i^{(t)}$$

で表すことができる．

まず，有限繰り返しゲームについて部分ゲーム完全均衡を求めてみよう．繰り返しゲームにおいては，第 $t+1$ 時点から始まる部分ゲームとは，$T-1$ 回プレーされる繰り返しゲームのことである．そして，時点 $t+1$ から始まる部分ゲームは，第 t 時点までのプレーにおいて各エージェントが選択することのできる行動の可能な組合わせのそれぞれに対応して 1 個ずつ存在する．

有限繰り返しのケースにおいて，「裏切りを続ける」戦略が部分ゲーム完全均衡になることは簡単に示すことができる．まず第 $T-1$ 時点終了後から始まる部分ゲームについて考えてみよう．この場合，各エージェントは時点 $T-1$ までの結果を所与として第 T 時点の行動を決定することになる．これに限っては，前にみた「湖水」における行動決定問題と同じである．「湖水」では，「裏切り」が「協調」を支配しているので，すべてのエージェントにとって「裏切り」が最適対応であることがわかる．したがって，この段階でのナッシュ均衡は「全員裏切り」である．次に，第 $T-2$ 時点終了後から始まる部分ゲームについて考えてみよう．同様に，他のエージェントの第 $T-1$ 時点のどんな行動

の組合わせに対しても，その段階において「裏切り」を選択することが最適対応となるので，「全員裏切り」がナッシュ均衡である．この時点での部分ゲーム完全均衡は，「時点 $T-1$ において全員裏切り，時点 T において全員裏切り」である．ある戦略の組が部分ゲーム完全均衡であるとは，戦略の組がどの部分ゲームにおいてもナッシュ均衡となることである．このような手続きを繰り返してゲームの開始段階まで遡って調べていくことによって，「裏切りを続ける」戦略が部分ゲーム完全均衡であることになる．このように，ゲームの終了時点 T から，順に時点を遡ることによって解を求めていく方法を，後向き帰納法 (backward induction) という．

無限繰り返しのケースでは，次のように考えることができる．無限繰り返しゲームにおいて「裏切り続ける」戦略の利得の現在価値は，

$$\sum_{t=1}^{\infty} \delta^{t-1} f_i(D,\ h)$$

で表される．ある時点 t における「裏切り」と「協調」の利得差 $f(D,\ h)-f(C,\ h)$ は，すべての $h(=0,\ 1,\ \ldots,\ n-1)$ について正であるので，少なくとも 1 回以上「協調」を選択したエージェントの利得の現在価値よりも，常に大きいことがわかる．したがって，あるエージェントにとって「全面裏切り」戦略は最適対応であり，このことは他のエージェントにもあてはまるので，「裏切り続ける」戦略が部分ゲーム完全均衡の 1 つであることがわかる．

1.2.3 ナッシュ均衡戦略

以上は，分析者がゲームを解く手段としてのナッシュ均衡に主眼をおいた議論である．以下では，エージェントの意思決定プロセスに関心を集中させて，ナッシュ均衡概念を検討してみる[8]．そこで，ナッシュ均衡に至る場合のエージェントの意思決定プロセスを，ナッシュ均衡戦略と呼ぶことにしよう．

---

[8] 以下の議論とは別に，ナッシュ均衡解を数値解析的に求める方法については，例えば McKelvey-McLennan [38] を参照．

まず，ナッシュ均衡の定義である，式 1.5 を確認しよう．この式が示しているのは，相手の行動を与えられたものとすると，お互いに最適な対応になっている状態がナッシュ均衡点であるということである．このことから，ナッシュ均衡戦略の特徴の 1 つとしてわかることは，

- ある時点において，相手の行動を一定と考える．

ことがあげられる[9]．お互いが同時に行動を決定する同時手番のゲームでは，自分が行動を変えても相手はそれがわからない（というより，その段階でゲームは既に終了している）のだから，相手がそれに反応するのは物理的に不可能である．したがって，「相手の行動を一定とみる」ことは，こうした場合には問題のない考え方である．では，繰り返しゲーム等の動学的ゲームの場合はどうだろうか．部分ゲーム完全均衡を求めるには，ゲームの各時点において，それ以前のゲームの結果を所与として，現時点での最適対応を計算するのである．つまり，動学的ゲームでは，ゲームの各時点において，「相手の行動を一定とみる」ことを要求するのである．

話を前に進めよう．いずれにしても，ナッシュ均衡戦略をとるエージェントは，相手の行動を一定として，最適な対応を計算しなくてはならない．この計算は，相手が仮にある行動をとるとした場合に自分がとるべき行動を決定する作業に相当する．この作業が終了した段階で，エージェントは相手がとりうる全行動の 1 つ 1 つに対して，自分がとるべき行動を対応させた一覧表を作成したことになる．ナッシュ均衡戦略の 2 つ目の特徴として，

- エージェントは，自分の最適対応の一覧表を作成しておく必要がある．

ことがあげられる．

意思決定プロセスをさらに前へ進めよう．エージェントは，この最適対応表を眺めて行動を決定しなければならない．どのようにして？　ここで，相手の行動をどのように予測するのかという問題が立ちはだかる．相手の行動の予

[9] 神取 [32, pp. 26—27].

測がなければ，最適対応表から取るべき行動を決定することはできないからである．ナッシュ均衡戦略における予測の考え方については，式 1.5 を次のように定義しなおすことで明確になる[10]．

$$u_i(y^e_{-i}, y^*_i) \geq u_i(y^e_{-i}, y_i)\ \ \forall i\ \ \forall y_i \in Y_i \tag{1.6}$$

$$y^e_{-i} = y^*_{-i}\ \ \forall i \tag{1.7}$$

ここで，y^e_{-i} は，エージェント i の，他のエージェントの行動に関する予測を表している．式 1.6 は，エージェントが最適対応表を作成するプロセスに相当している．すなわち，相手がある行動をとるとの予測を前提にして最適な対応を計算する．次に，別の行動をとるとの予測を前提にして，それに対する最適な対応を計算する．この作業を繰り返して最適対応の一覧表を作るのである．

そして，式 1.7 がナッシュ均衡戦略における予測の考え方を示している．それは，「他のエージェントは最適な対応を選択する」と予想するというものである．相手も最適対応する？　何に対してなのか？　式 1.6，1.7 によれば，それは，相手の最適対応に対してということである．では，このような予測方法を正当化する理由は何か．互いに最適対応となる行動以外の組では，エージェントにとっては行動を変更した方がより大きな利得を必ず得られる．したがって，そこではエージェントの予測プロセスは停止せず，均衡状態になることはないからである．式 1.7 が示す予測の考え方は，「相手の行動の読み合い」という予測の無限連鎖を停止させる条件から導かれたものということもできるだろう．

ところで，このような予測の方法によってナッシュ均衡点に到達するには，エージェント両者の予測がぴたりと一致していること，すなわち，エージェントが共通の予想を持っていることが必要である．そのためには，各エージェントは自分の最適対応表だけでは情報不足であって，他人の最適対応表も一揃い用意しておかなければならない．この作業はゲームに参加するエージェントの数，戦略のバリエーションによっては，大変な作業になると思われる．そこ

---

10) 神取 [32, p. 30].

で，そのような困難を避けるロジックとして，次のような想定がなされることがある[11)].

> エージェントはゲームの前に集まって，ゲームをどうプレーすべきなのかをよく話し合う．ただし，話し合いの結果はただの口約束に過ぎず，約束を破った人に対するペナルティはない．

こうした想定のもとで，もしも合意が成立し，しかもそれが守られるとすれば，そうした合意 y^* は，ナッシュ均衡の条件を満たしているはずである．なぜなら，そうした合意による行動の組においては，エージェント自らそこから離脱する動機を持たないからである．ナッシュ均衡のこの性質を，自己拘束性 (self-enforcing) という．そして，各人が自発的に守るような口約束を，「自己拘束的な合意」(self-enforcing agreement) といい，この考え方によるとナッシュ均衡は自己拘束的な合意を表したものだということになる．

ナッシュ均衡を「口約束が守られる条件」と解釈する上記の考え方によれば，たしかにエージェントは他人の最適対応表を用意する必要はない．しかし，その一方で，「エージェント間のコミュニケーションや情報のやりとりが，コストなしに，あるいは非常に小さなコストで可能である.」という，新たな仮定が必要とされることに留意すべきである．

以上で，ナッシュ均衡戦略に関する考察をひとまず終えよう．ここでの考察は，ナッシュ均衡戦略を非現実なものとして非難することが目的ではない．ナッシュ均衡戦略の考え方とその背景にある想定を明らかにすることである．理論的な分析には，多かれ少なかれ非現実的な要素を含んでいる．その代償を支払うことによってのみ，現実のある側面を先鋭に描き出すことができるのである．重要なのは，分析概念が前提としていることが分析対象に対して適合しているとみなせるかを確認しておくことである．ここで論じたナッシュ均衡戦略の考え方，その背景に合致する現実の現象は，確に存在するだろう．問題は，本書の分析対象に対してナッシュ均衡戦略が適切かどうかである．

---

11) 神取 [32, p. 37].

1.2.4 N人無限繰り返しゲームと「環境」の予測困難性

本項では，コモンズ・ゲームにおいてナッシュ均衡戦略が適切かどうかを検討することにしよう．ポイントは，コモンズ・ゲームの「N人無限繰り返し」という特徴，すなわち，非常に多数のエージェントが参加し，ゲームは無限に繰り返されるということである．

繰り返しが存在する場合には，エージェントの戦略のバリエーションは飛躍的に増加する．繰り返しゲームでは，個別のゲームの繰り返しという見方ではなく，複数のゲームが繰り返される一連のシリーズ全体を1つのゲームと考えて分析が行われる．その場合，エージェントにとって戦略は，単に「協力」か「裏切り」かといった類いの選択ではなく，協調・裏切りの一連の組合せからなる戦略 の選択が問題となる．そこでエージェントは，自分が過去に選択した行動とその結果や，他のエージェントの過去の行動などをもとに戦略を決定しなければならないことになる．

ナッシュ均衡戦略をとるエージェント達は，自分と他人の最適対応の一覧表を作成しなければならない．しかし，繰り返しゲームにおいて可能な戦略の種類は膨大な数にのぼる．そして，エージェントの多数性が加わることによって戦略の相互依存関係はさらに錯綜し，考慮すべき戦略のバリエーションはますます膨らんでいく．「繰り返し」と「エージェントの多数性」によって，「環境」に対する予測困難性はさらに高まることになるのである．このような状況下で，最適対応表を作成するために，すべての可能な戦略を検討することは可能なのだろうか？　少なくとも，エージェントがすべての起りうる場合を，実時間内に検討することは非常に難しいであろう．つまり，N人無限繰り返しゲームという「環境」においては，相手の行動を予測しようにも，最適対応表の作成がそもそも困難なのである．

たとえ時間的に変化する動学的な「環境」であっても，その変化を完全に予測できるような性質のものであれば，エージェントにとっては御するにさしたる困難はない対象となるだろう．エージェントは，「環境」の変化を観測データから事前に予測し，何らかの最適化計算によって，最適解もしくはそれに準ずる解を求める．すなわち，エージェントは，自分が予測できる「環境」の変化に基づいて，適切な行動を事前に探索すればよいのである．このような古典的な最適化行動は，利得最大化を達成する戦略を事前に求めるようとするものであり，そのためには多大な計算量を要するアプローチである．その意味で，上で述べた，「実時間内に，すべての可能な戦略を検討すること」という課題をクリアするものではない．が，多大な計算量を必要とするということの困難性は存在するものの，原理的には可能であり，論理的に妥当である側面はあるにはある．経済学の「動学分析」に多くみられる基本的ロジックはこれである．

しかしながら，「N 人無限繰り返しゲーム」という「環境」は，そのような「環境」とはかなり性質を異にする．そこでは，エージェントが対応すべき「環境」は，さまざまな未知の戦略をもった多数のエージェントが存在する「環境」であり，彼らの間の相互作用により状況は目まぐるしく変化する．そのような「環境」の変化までも完全に予測することは，現実的に不可能である．これは計算量の問題だけではない．「N 人無限繰り返しゲーム」という「環境」は，単に「環境」を構成する要素が時間的に変化するというだけではなく，エージェントにとって予測不可能な現象が起こりうる「環境」である．エージェントが対応すべき「環境」は，出現しうる状況があまりに多く，またさまざまな戦略を持つ多数のエージェントによって変化が引き起こされるという性質を持つのである．したがって，N 人無限繰り返しゲームでは，予測不可能性をまずその本質的な性質とすべきだろう．ここで予測不可能性とは，決定論的なモデルによる予測はもとより，確率的な予測も不可能なことを意味している．ナッシュ均衡戦略は，予測不可能な「環境」下において，合理的な予測の収束先（均衡点）から逆算して構成されたものと考えることができる．しかし，「N 人無限繰り返しゲーム」における予測不可能な「環境」下では，そのような考え方は適切とはいえないのである．

ナッシュ均衡を，「自己拘束的な合意」とみなす考え方についても検討しておこう．このような解釈においては，エージェントは他人の最適対応表を用意する必要はなく，確に上で考察した予測不可能性の問題は生じないかもしれない．しかし，「自己拘束的な合意」を実現するには，エージェント同士が話し合いを持たなくてはならない．多数エージェントが参加するゲームでは，エージェント間のコミュニケーションや情報のやりとりを，コストなしに，あるいは非常に小さなコストで行うことは不可能であろう．多数性は，エージェント間のコミュニケーションの困難度を高めるのである．したがって，ナッシュ均衡を「自己拘束的な合意」とみなす考え方も，「N 人無限繰り返しゲーム」という「環境」のもとでは適切とはいえないだろう．

1.2.5 予測不可能な「環境」におけるエージェントの戦略

では，「N 人無限繰り返しゲーム」という「環境」へどのように対処すればよいのか．ナッシュ均衡戦略は，予測困難な状況において合理的な予想が可能であればどのような帰結を導くか，という発想のもとに構成されている．そのことが，「N 人無限繰り返しゲーム」という予測不可能な「環境」において有効性を持てない要因となっている．ここでは，ナッシュ均衡戦略とは異なる発想をとろう．予測不可能な「環境」における戦略に必要な要件として，まず第1にあげられるのは，

- 「環境」変化の予測が不可能であることを前提とする

ということである．N 人無限繰り返しゲームという「環境」においては，完全な予測は不可能である．予測不可能な「環境」下で，予測が不可能であることを前提とするということは，ある意味で開き直った立場であるといえる．しかし，これは全く予測をしない，ということではない．可能な限り予測には努める．が，それには限界があり，完全な予測はもとより不可能である．それを前提として認めてしまおうではないか，ということである．

では，「環境」の変化に対してどのように対処するのか．起こりうる現象を完全に予測することがほとんど不可能であるならば，エージェントは，適当な「環境」変化の認識，行動決定等からなる意思決定のプロセスをとりあえず構

築し，それらを「環境」の変化に対して適応させていくしかないだろう．そこで，第2の要件として，

- 「環境」変化に意思決定プロセスの構造を適応させる

ことがあげられる．ここで，適応とは，「環境」が変化した場合にそれにうまく追従できる能力を意味する．つまり，意思決定構造を固定的とするのではなく，「環境」変化に対して柔軟に変更していこうという考え方である．「適応」へのアプローチはいくつか考えられるが，次章以降では，「進化」による適応，「学習」による適応のアプローチを試みる．

絶えず変動する「環境」において，エージェントは限られた時間内で行動を決定するための判断を下さなければならない．さらに，「環境」変化に適応するには，意思決定プロセスの構造変更も適宜迅速に行えなければならない．それには，次のことが必要である．すなわち，予測不可能な「環境」における戦略に必要な第3の要件として，

- 各処理プロセスには即応性が要求される

ことがあげられる．意思決定プロセスを構成する「環境」変化の認識，行動決定等のプロセス，あるいは意思決定プロセスの構造そのものを変更するプロセスは，ある一定時間内で処理を終えるということが必須である．処理の即応性を実現するには，あまりに複雑であったり，計算量の大きなプロセスを採用することはできない．ある程度単純なプロセスであることが要求されるだろう．

以上が，予測不可能な「環境」におけるエージェントの戦略が持つべき要件である．次章以降，これらの要件を満たすエージェントの行動仮説を構成し，コモンズ・ゲームを解析していくことにする．

第2章

進化的シミュレーション

2.1 遺伝的アルゴリズム

2.1.1 遺伝的アルゴリズムの構成

遺伝的アルゴリズム (genetic algorithm, GA) は，1960 年代にホランド (J. H. Holland) によって考案され，60 年代から 70 年代にかけて発展してきた[1]．GA は，複数の染色体によって構成される集団から，選択淘汰 (selection)，交叉 (crossover)，突然変異 (mutation) といった操作を用いて新たな別の集団を形成するための手法である．GA の創始者ホランドのもともとの目的は，特定の問題を解決するためのアルゴリズムを設計することではなく，自然界において観察されるような適応現象の理論的な研究と，そのメカニズムをコンピュータ・システムに取り入れる方法を開発することであったといわれている[2]．その後、生物進化をコンピュータ上で再現しようとする人工生命[3]や，社会の進

[1] 遺伝的アルゴリズムに関する教科書としては，Goldberg [16] が古典的であろう．日本語の教科書では邦訳も含めて，安居院・長尾 [2]，伊庭 [26]，ミッチェル [41] などがある．安居院・長尾 [2] には，C 言語による完全なプログラムリストがあり，実際にコンピュータ上で遺伝的アルゴリズムの動作を試すには便利であろう．また，さまざまな応用例を紹介したものに，デービス [13] がある．

[2] ミッチェル [41，邦訳，p. 3]．

[3] 例えば，ATR 進化システム研究室編 [5] を参照．

化をコンピュータ・シミュレーションを用いて研究する分野[4]，関数の最適近似などの工学的な問題への応用が研究されている[5]．

GA は，次の一連の手続きによって構成される．

1. n 個体を持つ集団をランダムに生成する．
2. 集団のそれぞれの個体 i に対して適応度 F_i を計算する．
3. 以下のステップを n 個の子孫が生成されるまで繰り返す．
   (a) 現在の集団から親となる個体のペアを選択する．
   (b) ある交叉確率 (p_c) によって，ランダムに選択された遺伝子座で交叉を行い，2 つの子孫を生成する．
   (c) 突然変異確率 (p_m) によって，2 つの子孫のそれぞれの遺伝子座において突然変異が行われる．
4. 現在の集団を，新たに生成された集団で置き換える．
5. ステップ 2 に戻る．

この処理は終了条件を満たすまで繰り返される．このうち，ステップ 3 が GA に特徴的な手続きである．GA は遺伝子レベルの進化を模倣するものであって，3-(a) は，進化過程における選択淘汰にあたり，3-(b)，3-(c) はそれぞれ，遺伝子の交叉，突然変異の現象に相当する．

GA において，個体 (individual) とは，集団を構成するそれぞれの単体を指す．染色体のことを個体と呼ぶ場合や，後述する表現型を個体と呼ぶこともある．GA において染色体 (chromsome) とは，対象とする問題の解候補を 1 次元の文字列で表現したものである．GA で最も一般的な染色体構造は，0 または 1 で表現される文字列である．この文字列による表現形式を遺伝子型 (genotype) という．GA における遺伝的操作は，この遺伝子型に対して施される．本章のシミュレーションでは，エージェントの戦略は 0 と 1 の文字列によって表現される遺伝子型にコード化される．これに対し，遺伝子型をデコードするこ

---

[4] GA 用いて経済行動を分析したものに，Axelrod [7]，Axelrod [8]，Andreoni-Miller [3]，Miller [40] 等がある．

[5] GA の工学的な応用を扱ったものに，三宮 [39] がある．

とによって，対象とする問題にとって直接的な表現に変換したものを表現型(phenotype)という．本章のシミュレーションでは，エージェントの戦略の具体的内容がこれにあたる．表現型を評価した値をもとに適応度(fitness)が計算され，選択が行われる．GAでは選択は常に表現型に対して作用する．

現在の集団に選択が施され，比較的優れた個体がより高い確率で選択される．選択された個体群に対し交叉，突然変異が施され，新しい遺伝子構成を持った個体群が生成される．このサイクルを世代(generation)と呼び，このサイクルを経て新しく生成された個体群が次の世代の集団となる．遺伝的操作(genetic operation)とは，選択，交叉，突然変異の3つの操作を指し，これらによって新しい世代の個体群が生成される．GAでは遺伝的操作は遺伝子型に対して作用する．

次に，遺伝的操作の各手続きの具体的内容について整理しよう．

2.1.1.1 適応度の計算

適応度は，その表現型が問題の解候補としてどの程度優れているかを表したものである．適応度の計算方法は，解こうとする問題によって異なる．本章のシミュレーションでは，表現型はあるエージェントの戦略に対応する．戦略の優劣をはかる尺度は，繰り返しゲームの結果，その戦略が得た利得の合計値である．この利得合計の値を適応度としてGAが適用される．

2.1.1.2 選択

選択は，次世代の集団を生成するための染色体を，現在の集団の中から選びとる手続きである．選択手続きによって，より高い適応度の染色体ほど，次世代に生き残る機会が多くなるように操作される．具体的には，次のような手続きが提案されている．

1. ルーレット選択

最も基本的な手法として知られているのが，ルーレット選択である．ルーレット選択は適応度に比例した確率で個体を選択する方法であり，適応度比例戦略とも呼ばれる．ルーレット選択では，ある個体 i が選択の過程で選ばれる確率 p_s は，ある個体 i の適応度を F_i とすると，式 2.1 によって計算される．

$$p_s = \frac{F_i}{\sum_{i=1}^{n} F_i} \tag{2.1}$$

式 2.1 によって計算される選択確率は適応度の増加関数である．同じ適応度を持つ染色体は親として何度も選択されうる．また，ルーレット選択では，適応度が高い個体だけが選ばれるわけではなく，適応度の低い個体も選択される可能性がある．適応度が比較的高い個体ばかりが選択されると，集団の遺伝的な多様性が失われるおそれが出てくる．そこで，評価値の低い個体も選択される可能性を持たせることによって，多様性の維持を図るのである．

一方で，適応度に比例して個体を選択する方法では，淘汰圧の減衰が問題になる可能性が存在する．探索がある程度進んだ場合，個体同士の適応度の差があまりない状況に至ることが予想される．そのような状況では，各個体が選択される確率もほぼ同じになり，淘汰圧が弱くなる．これによってある程度で探索が進まなくなるという状況に陥るおそれがある．

他方で，この淘汰圧が強すぎると，今度は逆に集団の多様性が失われる可能性が出てくる．GA の選択過程においては，淘汰圧のチューニングが重要なポイントである．

2. エリート保存選択

ルーレット選択では評価値の低い個体も選択される可能性をもたせることにより，多様性の維持を図ることが期待できるが，一方で適応度の高い個体が偶然選択されないことも可能性として存在する．このような現象を防ぐ選択方法として提案されたのが，エリート保存選択である．エリート保存選択では，世代 t での最良の適応度を持つ個体が，世代 $t+1$ に存在しない場合，その個体を世代 $t+1$ の集団に加えるという操作が施される．

この方法を採用すると，その時点で最良の解が遺伝的操作によってその形質を破壊されないという利点が得られる．しかしながら，その一方でエリート個体の遺伝子が集団中に急速に広がる可能性が高く，局所解に陥る危険性も同時に存在する．

3. ランキング選択

最初に適応度によって各個体を順位づけする．選択確率はあらかじめ各順位に対して決めておき，それにしたがって親となるべき個体を選択する．この選択方法は，適応度の相対的な順位に着目した選択方式である．

4. トーナメント選択

集団から決められた数の個体を無作為に抽出し，その中で最も適応度の高い個体が親として選択される．抽出された個体は集団に戻され，再びその中から決められた数の個体数を無作為に抽出し，最も適応度の高い個体を親として選択する．この手続きを次の世代に残したい数の個体が選択されるまで繰り返す．この選択方法もランキング選択と同様に，適応度の相対的な順位に着目した選択方式である．

伊庭 [26] は，選択手続きについていくつかの観点から比較を試みている[6]．それによると，トーナメント選択が推薦されている．ただし，解こうとする問題に応じて，集団から抽出する個体数の設定によって淘汰圧を調整する必要があると述べている．本章のシミュレーションでは，選択方法としてトーナメント選択を選び，トーナメントサイズを最小の 2 に設定して GA を実行している．

[6] 伊庭 [26, p. 104].

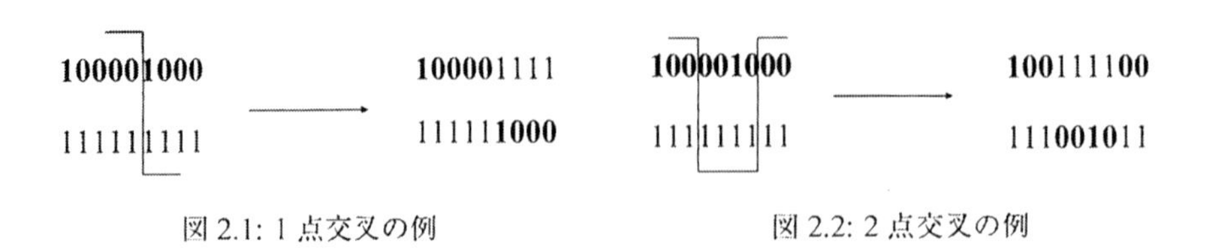

図 2.1: 1 点交叉の例

図 2.2: 2 点交叉の例

2.1.1.3 交叉

交叉は，選択によって選ばれた個体の染色体を組み換えることによって親の形質を受け継ぎつつも，親とは異なる形質を持ち合わせた子孫の個体を生み出す操作である．交叉確率 p_c は，2 つの親となる染色体が交叉を施される確率として定義される．もし交叉が行われない場合，2 つの子孫は親の正確な複製となる．交叉手続きには，以下の方法が提案されている．

1. 1 点交叉

   選択によって 2 個の親となる個体を選ぶ．次に，ランダムに遺伝子座 (locus) を 1 つだけ選択し，2 つの染色体間で，遺伝子座の前後で遺伝子列が交換されて 2 個の新たな染色体が生成される．ここで遺伝子座とは，染色体上の文字が入る場所を意味している．図 2.1 は 1 点交叉手続きの概念を示した図である．

2. 多点交叉

   多点交叉では，選択された 2 個の親となる個体のそれぞれについて，ランダムに遺伝子座を複数個選択する．選択された遺伝子座の間に挟まれた遺伝子を交換することによって，2 個の新たな染色体が生成される．図 2.2 は，多点交叉のうちの 2 点交叉手続きの概念図である．

3. 一様交叉

   一様交叉では，まず遺伝子と同じ数だけの {0, 1} をランダムに発生させて，マスクパターンを作成する．子 1 には，このマスクパターン上で ‘1’ という遺伝子が存在する遺伝子座には親 1 の遺伝子をそのままコピーし，

親1: 100001000
親2: 111111111

マスク:101100110

子1: 110011001
子2: 101101110

図 2.3: 一様交叉の例

'0' という遺伝子が存在する遺伝子座には親 2 の遺伝子をコピーするという方法で，親の形質を受け継ぐ．子 2 には，逆の方法を適用する．すなわち，マスクパターン上で '0' という遺伝子が存在する遺伝子座には親 1 の遺伝子をそのままコピーし，'1' という遺伝子が存在する遺伝子座には親 2 の遺伝子をコピーする．図 2.3 は，一様交叉手続きの概念図である．

伊庭 [26] は，いくつかの観点から，2 点交叉と一様交叉について探索能力のパフォーマンスを分析している[7]．それによると，両者の探索能力については一概に優劣を述べることは困難であり，解こうとする問題の構造に依存することが述べられている[8]．本章のシミュレーションでは，2 点交叉を採用した．

2.1.1.4　突然変異

突然変異とは，ある遺伝子座の遺伝子を他の対立遺伝子に置き換える操作をいう．それぞれの遺伝子座に突然変異が起きるかどうかは，突然変異確率 p_m によって決定される．突然変異はある確率で文字列中のそれぞれの遺伝子座に対して独立に発生する．

突然変異の役割は，集団の多様性を維持することにある．交叉だけでは，世代が進むにつれて，集団中の個体間に差が小さくなり，次第に集団中の多様性が失われていく可能性が高い．突然変異を施すことによって，染色体にランダ

[7] 伊庭 [26, pp. 81—85].
[8] 伊庭 [26, pp. 83—85, p. 103].

図 2.4: 突然変異の例

ムな変異が加えられるため，交叉では得られなかった遺伝子構成が生成される．これによって，集団全体の多様性の喪失を防ぎ，局所解に陥らないことが期待されるのである．図 2.4 は突然変異手続きの概念図である．

しかし，ある程度世代を経て集団中の個体属性が収束する，あるいは収束しつつある段階では，突然変異は個体の性能を低下させる方向に働く可能性がある．すなわち，突然変異確率が相対的に高ければ，より多くの解の可能性を探索することが期待されるが，一方で，それまでの進化の過程で得られた優れた形質を破壊してしまう危険性も増加するのである．

2.1.2 スキーマ定理

ここでは GA の理論的な考え方であるスキーマ定理について整理し，GA の探索メカニズムを簡単にみていこう．

スキーマ (schema) とは，0, 1, #からなる文字列と定義される．ここで，#は 0 でも 1 でもよい (don't care) を表す．例えば，

$$H = \#1\#10\#$$

というスキーマ H は，次の 8 つの文字列を表し，これらは H に含まれるという．

010100, 011100, 011101, 010101, 110100, 111100, 111101, 110101

スキーマ H の次数 (order)$O(H)$ とは，#でない 0 か 1 の個数である．すなわち，

$$O(\#1\#10\#) = 3$$

である．次に，スキーマ H の構成長 (defining length)$\sigma(H)$ とは，スキーマを

左から見て最初の# 以外の文字と最後の#以外の文字の間の距離である．すなわち，

$$\sigma(\#1\#10\#) = 3$$

となる．

全個体数を n，$m(H, t)$ を世代 t において集団中に存在するスキーマ H の個体数とする．$F(H)$ をスキーマ H を含む個体の平均適応度としよう．まず，交叉や突然変異が全くない場合，すなわち，選択手続きのみによって進化が進行するとしよう．選択手続きとしてルーレット選択を用いるとする．この時，各個体は確率 $p_s = \frac{F_i}{\sum F_i}$ で次世代に残る．したがって，世代 $t+1$ でのスキーマ H の個体数の期待値は，

$$m(H, t+1) = m(H, t) \cdot n \cdot \frac{F(H)}{\sum_{i=1}^{n} F_i} \tag{2.2}$$

となる．集団中の個体全体の平均適応度は $\bar{F} = \frac{1}{n}\sum_{i=1}^{n} F_i$ であるから，

$$m(H, t+1) = m(H, t) \cdot \frac{F(H)}{\bar{F}} \tag{2.3}$$

と書ける．

ところで，スキーマは交叉や突然変異で破壊される可能性がある．スキーマ H が交叉によって破壊されるのは交叉点が $\sigma(H)$ の内にある場合である．よって，あるスキーマが交叉によって破壊される確率は，交叉確率を p_c，スキーマ H の全長を l とすると，$p_c \cdot \frac{\sigma(H)}{l-1}$ となる．交叉によるスキーマの破壊を考慮したとき，世代 $t+1$ でのスキーマ H の個体数の期待値は，

$$m(H, t+1) \geq m(H, t) \cdot \frac{F(H)}{\bar{F}} \cdot \left[1 - p_c \cdot \frac{\sigma(H)}{l-1}\right] \tag{2.4}$$

である．不等号となるのは，交叉相手の遺伝子の構成によってはスキーマが破壊されない場合を考慮しているからである．

突然変異によるスキーマ H の破壊は，$O(H)$ 個の 0 か 1 が突然変異した場合である．突然変異率を p_m とすると突然変異による破壊確率は，$O(H) \cdot p_m$ で表せる．したがって，交叉と突然変異による破壊を考慮したとき，世代 $t+1$ に存在するスキーマ H の個体数の期待値は，

$$m(H,\ t+1) \geq m(H,\ t) \cdot \frac{F(H)}{\bar{F}} \cdot \left[1 - p_c \cdot \frac{\sigma(H)}{l-1} - O(H) \cdot p_m\right] \tag{2.5}$$

となる．式 2.5 をスキーマ定理と呼ぶ．この定理は，短くて低いオーダーであり，しかも適合度が平均以上のスキーマは飛躍的に増大していくということを意味している．そのようなスキーマを積木 (building block) と呼ぶ．スキーマ定理によると，GA の探索過程はこの積木をうまく組合わせることによって最適値探索を行うと考えられる．

この定理は，あるスキーマに注目したときに，その個数が集団中でどのように変化するかに関する予測を与えるに過ぎず，交叉や突然変異で生成される新たなスキーマに関しての分析はなされていない．また，この定理は最適解が発見できるかどうかについては何も述べていない．実際，だまし問題 (deception problem) といわれるタイプの問題において，積木をうまく作ることができず探索に失敗することが知られている[9]．加えて，選択，交叉の方法によって得られる解が異なる可能性も否定できない．GA の挙動に関しては，数学的にまだ未解明の部分が多く，今後の研究が待たれるところである．

2.1.3 経済進化過程としての GA

GA を用いた経済モデルでは，個体を経済主体とみなす．そして，個体の属性を示す染色体の内容が，その経済主体の戦略を表すことになる．その個体=経済主体が多数集団を構成し，ゲームを行う．ゲームで得た利得を適応度とみなして，個体集団に GA を適用するのである．それにより，より高い適応度を持つ戦略構成が次世代により高い確率で継承されていく．経済モデルにおける

[9] 例えば，伊庭 [27, pp. 117—121] を参照．

遺伝的操作の各手続きは，次のような解釈を与えることができるだろう．

「選択」手続きは，より高い適応度を持つ戦略がより高い確率で生き残ることを意味する．これは経済における競争的状況をモデル化したものと解釈することができるだろう．「交叉」手続きは，より高い適応度を持つ戦略を他のエージェントが自分の戦略構成にとり入れてる真似ることと解釈できる．「突然変異」手続きは，新しい発想によって，あるいは気まぐれ，偶然などによってある世代の集団において新しい戦略構成を生成することを意味する．

GA による経済進化過程は，パフォーマンスのより高い戦略についての知識を，集団全体で共有しながら，社会全体が成長していく過程（もちろん，その陰には，淘汰されるものもあるが）とみなすことができる．

2.2　モデリング

2.2.1　戦略仮説のモデル化

GA を用いたシミュレーション・モデルを構築するにあたって，戦略仮説を設定しよう．

2.2.1.1　戦略仮説

コモンズ・ゲームでは直接エージェント同士のやりとりは存在しないため，エージェントは他人がどのような行動を選択したかを直接知ることはできない．したがって，他のエージェントのとった行動に対して自分の行動を決定するという方式の戦略はとることができない．

そこで，ここでは，予測不可能な「環境」のもとでは，比較的単純な戦略を設定し，「環境」変化に応じて適応させる，という考え方をもとに，次のような戦略仮説を採用することにしよう．

1. エージェントは彼が選択したある行動に対して得られた結果を評価し，
    (a) 彼にとって望ましい変化が得られれば，行動を変更しない．

(b) 変化が望ましくなければ，あるルールにしたがって行動を変更する．

2. 何度かの繰り返しの後，GA による進化過程によって戦略の淘汰が行われる．

2.2.1.2 エージェントが参照する情報

上述した戦略を構成するには，エージェントは彼が選択した行動に対して得られた結果を評価することができなくてはならない．そのために参照する情報は2つ考えられる．1つは協調行動をとるエージェントの数であり，もう1つは個々のエージェントがある行動を選択することによって環境にはたらきかけ，その結果得られる利得である．前者はシステムのマクロ・レベルの状態を表す情報であるのに対して，後者は各々のエージェントについてのミクロ・レベルの状態を表す情報である．これらはいずれもあるゲームにおいて，エージェントが選択した行動によって生じた変化を表している．

2.2.1.3 結果の認識

次に，エージェントが参照情報をもとに「環境」変化を観測・認識する手続きを，設定する必要がある．その方法には様々な方法が考えられるが，ここではもっとも単純と思われる方法を想定する．ここでは，各エージェントは今回と1つ前のゲームの結果を比較し，「協調者の数が前よりも減少した」であるとか，「利得が前よりも増加した」などということのみを認識できるとしよう．そして，各エージェントはこれら2種類の情報について，ゲームの結果を認識し比較するための関数をそれぞれ持っているとする．エージェント i の t 期における利得を $u_i^{(t)}$，協力者数を $h^{(t)}$ とすると，この関数は，等号の付け方によって次の4つのタイプが考えられる．

$$E_0(u_i^{(t)}, u_i^{(t-1)}) = \begin{cases} 0 & \text{if } u_i^{(t)} \geq u_i^{(t-1)} \\ 1 & \text{if } u_i^{(t)} < u_i^{(t-1)} \end{cases} \tag{2.6}$$

$$B_0(h^{(t)}, h^{(t-1)}) = \begin{cases} 0 & \text{if } h^{(t)} \geq h^{(t-1)} \\ 1 & \text{if } h^{(t)} < h^{(t-1)} \end{cases} \tag{2.7}$$

$$E_1(u_i^{(t)}, u_i^{(t-1)}) = \begin{cases} 0 & \text{if } u_i^{(t)} > u_i^{(t-1)} \\ 1 & \text{if } u_i^{(t)} \leq u_i^{(t-1)} \end{cases} \tag{2.8}$$

$$B_1(h^{(t)}, h^{(t-1)}) = \begin{cases} 0 & \text{if } h^{(t)} > h^{(t-1)} \\ 1 & \text{if } h^{(t)} \leq h^{(t-1)} \end{cases} \tag{2.9}$$

それぞれのエージェントは利得情報を認識するための関数として式 2.6，2.8 のうちいずれかを，協調者数の情報を処理するための関数として，式 2.7，2.9 のうちのいずれかを持つものとする．したがって，各エージェントは，「環境」変化の観測・認識のモデルとして，E_j, B_j （ただし，$j = 0$ or 1 である）によって構成される 4 種類ある関数の組合わせのうちいずれか 1 つの組を持つことになる．

2.2.1.4　結果の評価

エージェント i が，ゲームのある時点 t において，E_j によって得られた値を $\hat{u}_i^{(t)}$，B_j によって得られた協調者数に関する値を $\hat{h}_i^{(t)}$ とする．$\hat{u}_i^{(t)}$ の値は，たとえ同じ E_j を使っていたとしてもエージェントによって異なることがあり得るが，$\hat{h}_i^{(t)}$ の値は同じ B_j を使っているエージェントについては，同一の値を出力する．このベクトル $(\hat{u}_i^{(t)}, \hat{h}_i^{(t)})$ は，エージェント i が時点 t のゲーム結果について認識した情報である．

さて本節の冒頭に示した戦略仮説にしたがえば，エージェントはベクトルを $(\hat{u}_i^{(t)}, \hat{h}_i^{(t)})$ 彼にとって「望ましい」か,「望ましくない」かを評価できなくてはならない．そこで各々のエージェントは，ベクトル $(\hat{u}_i^{(t)}, \hat{h}_i^{(t)})$ を評価するための関数を持っているとしよう．エージェント i が $(\hat{u}_i^{(t)}, \hat{h}_i^{(t)})$ を評価するため関数を $G_i(\hat{u}_i^{(t)}, \hat{h}_i^{(t)})$ で表すとしよう．評価関数 $G_i(\hat{u}_i^{(t)}, \hat{h}_i^{(t)})$ は，ベクトル $(\hat{u}_i^{(t)}, \hat{h}_i^{(t)})$ をエージェントが「望ましい」と評価すれば 0 を，「望ましくない」と評価すれば 1 を出力するものとする．

この $G_i(\hat{u}_i^{(t)}, \hat{h}_i^{(t)})$ は，可能な $(\hat{u}_i^{(t)}, \hat{h}_i^{(t)})$ の組である (0, 0), (1, 0), (0, 1), (1, 1) のそれぞれに対して 0 か 1 を対応させる関数である．したがって，関数 G_i のかたちは単純に考えると $2^3 = 8$ 通りあることになる．しかしながら，それでは結果の評価に矛盾が生じる場合が考えられる．例えば，関数 $G_i(1, 0) = 0$, $G_i(0, 1) = 0$ である場合について考えてみよう．この場合の関数 G_i は，(1, 0), (0, 1) という事象のいずれについても 0 を出力する，すなわち，「結果は望ましいので行動は変更しない」という評価を下すことを意味する．事象 (1, 0) は，利得変化は「減少／あるいは変化なし」という結果を得たが，協調者数の変化については「増加／あるいは変化なし」という結果を得たことを意味している．他方は，事象 (0, 1) は，利得変化は「増加／あるいは変化なし」という結果を得たが協調者数の変化は「減少／あるいは変化なし」という結果を得たということを意味している．つまり両者は，事象の持つ意味としては正反対であるということができる．

したがって，関数 G_i が事象 (1, 0), (0, 1) のいずれに対しても 0 を出力する場合は，正反対の意味を持つ事象に対して同じ評価を下す可能性を有していることになる．その意味で，この評価パターンはエージェントの事象に対する評価が整合性を欠いていると考えられる．このようなパターンを排除すると，利得の変化と協調者数の変化が相反する場合，すなわちベクトル (1, 0), (0, 1) の評価について，整合的な評価パターンの組合わせは，次の 2 つの場合のいずれかとなる．すなわち，

$$\begin{cases} G_i(1, 0) = 0 \\ G_i(0, 1) = 1 \end{cases} \tag{2.10}$$

あるいは，

$$\begin{cases} G_i(1, 0) = 1 \\ G_i(0, 1) = 0 \end{cases} \tag{2.11}$$

である．

同様な考察によって，利得の変化と協調者数に関する変化が同じ意味を持つ事象である場合，すなわち (0, 0), (1, 1) の評価について，整合的な評価パター

ンの組合わせは，次の 2 つの場合のいずれかとなる．

$$\begin{cases} G_i(0,\ 0) = 0 \\ G_i(1,\ 1) = 1 \end{cases} \tag{2.12}$$

あるいは，

$$\begin{cases} G_i(0,\ 0) = 1 \\ G_i(1,\ 1) = 0 \end{cases} \tag{2.13}$$

である．

以上の考察から，関数 $G_i(\hat{u}_i^{(t)},\ \hat{h}_i^{(t)})$ の構造は，式 2.10，2.11 のうちのいずれか 1 つと，式 2.12，2.13 のうちいずれか 1 つの組合わせによって定義されるものとする．したがって，関数 G_i のバリエーションは 4 通りとなる．エージェント i の関数 G_i はそのうちの 1 つを持つものとする．観測・認識された情報は同じであったとしても，それらに対してどのような評価を下すかはエージェントにとって異なるという想定である．

それぞれの G_i は，それを持つエージェント自身の行動によって引き起こされた利得変化と協調者の変化をどのように評価するかを示している．G_i が出力する値は，各エージェントのある時点での彼がおかれた状況に対する主観的な評価を表しているのである．G_i の値が 0 ならば，その時点でのエージェント i を取り巻く状況は，彼にとって望ましいと評価され，G_i の値が 1 ならば，状況は彼にとって望ましくないと評価していることを意味する．

2.2.1.5 行動変更ルールの設定

ここでは，エージェントの過去の行動履歴に対して次回の行動を対応させるような行動変更ルールを設定する．例えば，「過去において 3 回連続して行動 D をとった場合，次は C を選択する」というような形式のルールが考えられる．そのような行動変更ルールのバリエーションは無限に近くあると思われる．

われわれは，そのような行動ルールのうち最も単純な形式の 1 つを設定する．エージェントが行動変更にあたって参照可能な行動履歴は，1つ前のゲームにとった行動のみであるとする．そのような形式の行動変更ルールは，次の4つのパターンが考えられる．

- 前回の行動履歴が C の場合，次は C を選択する
- 前回の行動履歴が C の場合，次は D を選択する
- 前回の行動履歴が D の場合，次は C を選択する
- 前回の行動履歴が D の場合，次は D を選択する

図2.5は，可能な4つの行動変更ルールをオートマトンによって表示したものである[10)]．それぞれ戦略について，図2.5を参照しながら説明しよう．以下では，現在時点 t の状態 $s_t(\in\{C, D\})$ と入力信号 $b_t(\in\{0, 1\})$ との可能な組合せと，次の時点の推移先状態 s_{t+1} を，状態推移関数 $\lambda(s_t, b_t) = s_{t+1}$ により一意的に対応させるとしよう．また，オートマトンの状態を「行動」とみなし，入力 b_t の値は関数 G_i からの出力であるとする．

- ルール1

  この行動変更ルールは，状態推移関数として $\lambda(C, 0) = C$ と $\lambda(D, 0) = D$，$\lambda(C, 1) = C$ と $\lambda(D, 1) = C$ を持つ．このルールを持つエージェントは，C を初期状態としているならば，世代が終了するまで C をとり続ける．初期状態が D の場合は，関数 G の値が0である限り，行動変更を行わず D をとり続けるが，いったん関数 G の値が1をとると C に変更し，以後世代が終了するまで C をとり続ける．
- ルール2

  ルール2は，状態推移関数として $\lambda(C, 0) = C$ と $\lambda(D, 0) = D$，$\lambda(C, 1) = C$ と $\lambda(D, 1) = D$ を持つ．このルールを持つエージェントは，C を初期状態としてとるならば，世代が終了するまで C をとり続け，初期状態が D ならば，世代が終了するまで D をとり続ける．したがって，初期状態が

10) オートマトンについては，ホプクロフト－ウルマン [23] を参照のこと．オートマトンを主体モデルとして社会科学に応用した先駆的な仕事に，飯尾・竹内 [25] がある．

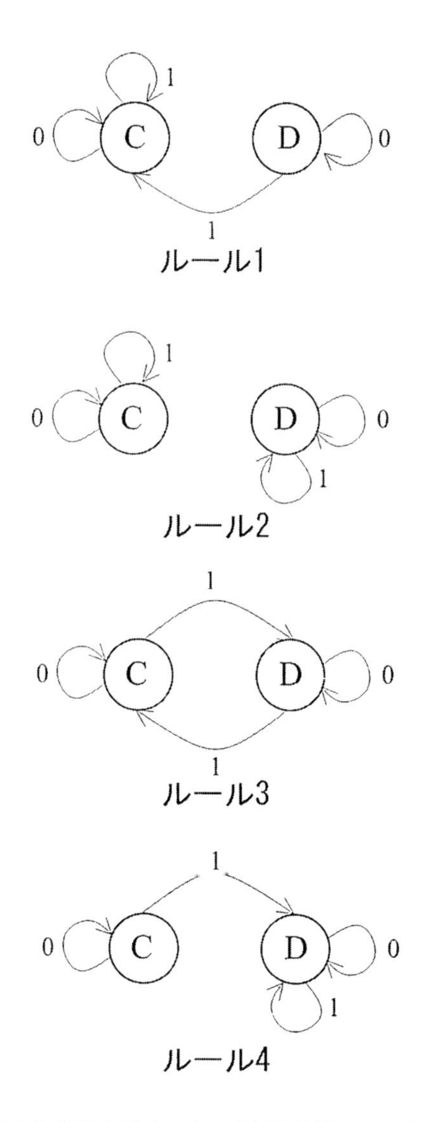

図 2.5: 行動変更ルールの状態推移図による表示

C の場合，ルール1とルール2は同じ行動変更ルールであることになる．

- ルール3

  ルール3は，状態推移関数として $\lambda(C, 0) = C$ と $\lambda(D, 0) = D$，$\lambda(C, 1) = D$ と $\lambda(D, 1) = C$ を持つ．このルールは，結果がよいと評価されている間は行動を変更しないが，悪い結果が得られたならば，現在とっている行動とは異なる行動に変更する．

- ルール4

  ルール4は，状態推移関数として，$\lambda(C, 0) = C$ と $\lambda(D, 0) = D$，$\lambda(C, 1) = D$ と $\lambda(D, 1) = D$ を持つ．このルールを持つエージェントは，初期状態が D ならば，世代が終了するまで D をとり続ける．初期状態が C の場合は，関数 G の値が0である限り，行動変更を行わず C をとり続けるが，いったん関数 G の値が1となると D に変更し，以後世代が終了するまで D をとり続ける．初期状態が D の場合，ルール4とルール2は同じ行動変更ルールであることになる．

これらのうち，初期状態 D のルール1と初期状態 C のルール4は，トリガー戦略の一種である．

図2.6はエージェントの「環境」の認識・評価・行動決定に至る一連の過程を図示したものである．まず，エージェントは現時点のゲーム（t 期）において，前回（$t-1$ 期）のゲームで記憶された利得 $u_i^{(t-1)}$，協調者数 $h^{(t-1)}$ と，今回の利得利得 $u_i^{(t)}$，協調者数 $h^{(t)}$ を彼が持っている関数 E_j，B_j によって，ベクトル $(\hat{u}_i^{(t)}, \hat{h}^{(t)})$ を計算する．次に $(\hat{u}_i^{(t)}, \hat{h}^{(t)})$ を関数 G_i によって評価し，0か1の値が出力される．G_i の出力した値が0ならば，今回とった行動を変更せずに次回も同じ行動をとる．G_i の出力した値が1ならば，その時点でエージェントが持っている行動変更ルールにしたがって次回にとる行動を変更する．これが，エージェントが行動を決定する一連の過程である．具体的には，エージェントは今回と前回の利得の変化，あるいは今回と前回との協力者数の変化を評価し，それらの変化が「望ましい」と判断するなら行動を変更せず，「望ましくない」と判断するなら行動を変更するという過程を表している．

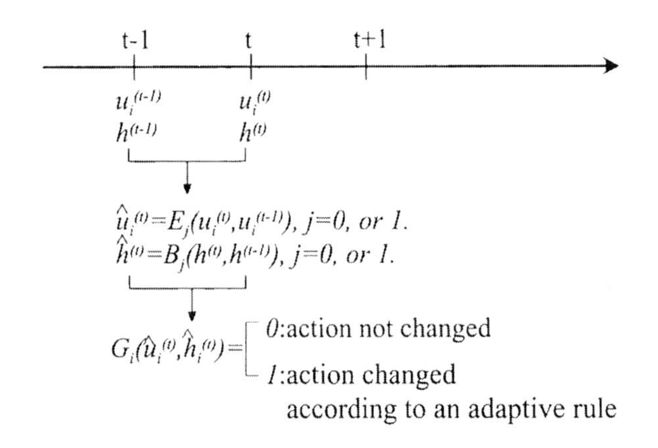

図 2.6: 行動仮説における意思決定過程

2.2.2 戦略仮説のビット列による表現

GA をゲームモデルへ適用するには，エージェントの戦略を遺伝子型にコード化する必要がある．そのためにはエージェントの戦略を {0, 1} のビット列 (binary string) に変換すればよい．

各エージェントの戦略は，初期状態，関数 E_j, B_j の組合せ，そして関数 G_i と行動変更ルールによって構成される．以下，順番に，初期状態，関数 E_j，B_j，G_i，行動変更ルールを，遺伝子型にコード化する手続きを説明する．

2.2.2.1 初期状態のコード化

初期状態とはエージェントがゲームの初回にとる行動のことである．エージェントがとり得る行動は，「協調（C）して，廃水処理装置を設置する」か「裏切って（D)，廃水処理装置を設置しない」のいずれか 1 つである．

戦略の遺伝子型の最初の遺伝子座には，初期状態がコード化されるものとする．すなわち，最初の遺伝子座の遺伝子が '0' の場合は，エージェントは初回のゲームにおいて，C をとることを意味し，'1' の場合は D をとることを意味する．初期状態のコード化ルールを要約すると次のようになる．

- 1st bit：'0' → 「C を選択」/ '1' → 「D を選択」

2.2.2.2 関数 E_j，B_j の組合せのコード化

各エージェントは「環境」変化の観測・認識のために関数 E_j，B_j を持つ．エージェントは E_0，E_1 のいずれか1つと，B_0，B_1 のいずれか1つを持つ．そこで，2番目の遺伝子座には，関数 E_0，E_1 のいずれを持つか，3番目の遺伝子座には B_0，B_1 のいずれを持つかがコード化されるものとする．すなわち，2番目の遺伝子座の遺伝子が '0' の場合は，エージェントは関数 E_0 を持つことを意味し，'1' の場合は E_1 を持つことを意味する．また，3番目の遺伝子座の遺伝子が '0' の場合は，エージェントは関数 B_0 を持つことを意味し，'1' の場合は B_1 を持つことを意味する．関数 E_j，B_j の組合せのコード化ルールを要約すると次のようになる．

- 2nd bit：'0' → E_0/ '1' → E_1.
- 3rd bit：'0' → B_0/ '1' → B_1.

2.2.2.3 関数 G_i の構造のコード化

関数 G_i の構造として有意味なものは，式 2.10 ／ 2.11 と式 2.12 ／ 2.13 であった．このうち式 2.10 ／ 2.11 のいずれの構造を持つかは，{0, 1} で代表させることが可能である．また，式 2.12 ／ 2.13 のいずれの構造を持つかも，{0, 1} で代表させることが可能である．したがって，関数 G_i の構造は，2ビットの {0, 1} で表現することができる．

そこで，4番目の遺伝子座には，式 2.10 ／ 2.11 のいずれの構造を持つかがコード化されるものとする．5番目の遺伝子座には式 2.12 ／ 2.13 のいずれを

持つかがコード化されるものとする．すなわち，4 番目の遺伝子座の遺伝子が '0' の場合は，エージェントは式 2.10 を持つことを意味し，'1' の場合は式 2.11 を持つことを意味する．5 番目の遺伝子座の遺伝子が '0' の場合は，エージェントは式 2.12 を持つことを意味し，'1' の場合は式 2.13 を持つことを意味する．関数 G_i のコード化ルールを要約すると次のようになる．

- 4th bit：'0' → 式 2.10 / '1' → 式 2.11
- 5th bit：'0' → 式 2.12 / '1' → 式 2.13

2.2.2.4　行動変更ルールのコード化

戦略の遺伝子型の最後の 2 ビット行動変更ルールをコード化する．それらの意味は次のようになる．

- 6th bit：'0' → $\lambda(C, 1) = C$ / '1' → $\lambda(C, 1) = D$
- 7th bit：'0' → $\lambda(D, 1) = C$ / '1' → $\lambda(D, 1) = D$

2.2.2.5　エージェントのビット列による表現

以上の設定からエージェント・モデルは，図 2.7 で表される構造を持ったビット列によって構成されることになる．

2.3　GA によるシミュレーション

シミュレーションでは，ビット列で表されるエージェントを上記のルールにしたがって，遺伝子型を表現型にデコードし，具体的な戦略に変換した上でゲームが行われる．適応度は 200 回繰り返しゲームの利得合計とした．したがって，ゲームの 200 回の繰り返しによって 1 つの世代を形成する．割引率は，ゼロに設定した．

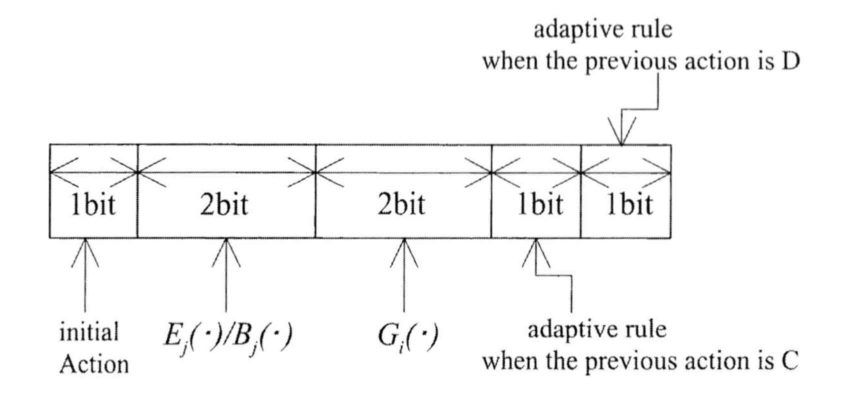

図 2.7: エージェントのビット列による表現

1つの世代の終了後，各エージェントについて利得の合計が評価され，それを適応度としてGA操作が施される．GA操作は遺伝子型として表されたビット列に対して適用される．選択の手続きはトーナメント選択を，交叉は2点交叉を採用する．シミュレーションのパラメータは，表2.1の通りである．表中，KとLは利得関数のパラメータである．

表 2.1: GA シミュレーションのパラメータ

$K = 10$
$L = 3$
プレーヤー数: 100
世代数: 50
交叉確率 (p_c): 0.6
突然変異確率 (p_m): 0.01

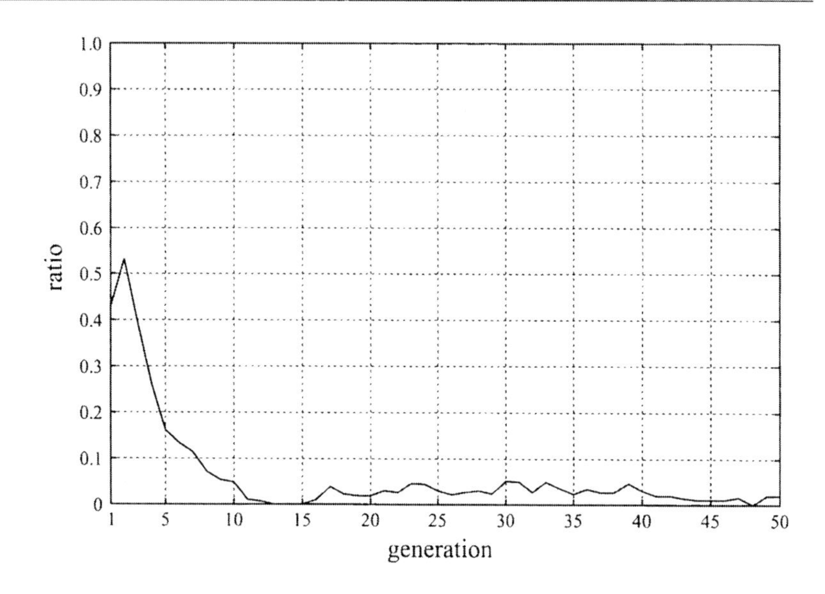

図 2.8: 平均協調率の変動

2.3.1 平均協調率の変動

図 2.8 は，各世代の平均協調率の推移をプロットしたものである．図が示しているように，平均協調率は世代を経るにつれて徐々に下落し，10%以下の水準に収束することが観察された．ここで，各世代の平均協調率とは，1人のエージェントが1世代の200回のゲームの中で，「協調」を選択する比率である．

ほとんどのエージェントが「裏切り」行動を選択し続けることが，GAシミュレーションによる解という結果を得たことになる．「裏切り」行動を選択する者が多数を占めるという状況は，エージェントの戦略としてナッシュ均衡戦略を用いた理論的分析の帰結と結果としては同じである．

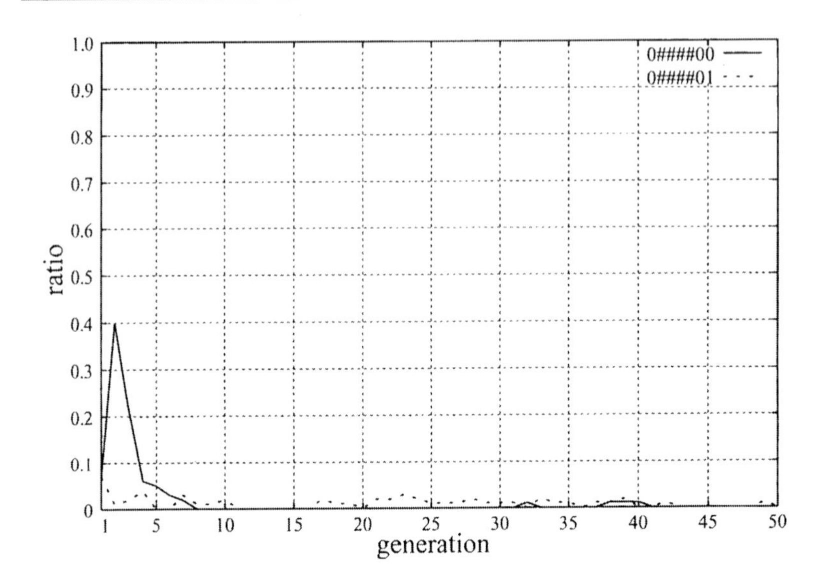

図 2.9: 戦略の淘汰過程 (1)：0####00 ／ 0####01

2.3.2 戦略の淘汰過程

以下に，戦略の淘汰について明確な傾向が観察されたものについて論じる．明確な傾向が観察されたのは，行動変更ルールの差異によるものであった．初期状態，関数 E_j，B_j の組合せ，関数 G_i については明確な傾向は観察されなかった．

2.3.2.1 全面「協調」戦略

図 2.9 は，戦略：0####00 ／ 0####01 の淘汰過程を示している．この図は，世代ごとの各戦略のエージェント全数に対する比率の推移を示したものである[11]．戦略：0####00 ／ 0####01 は，世代開始から世代終了まで一貫して C

[11] 以下，他の戦略の淘汰過程を示す図 2.10〜2.12 についても同様である．

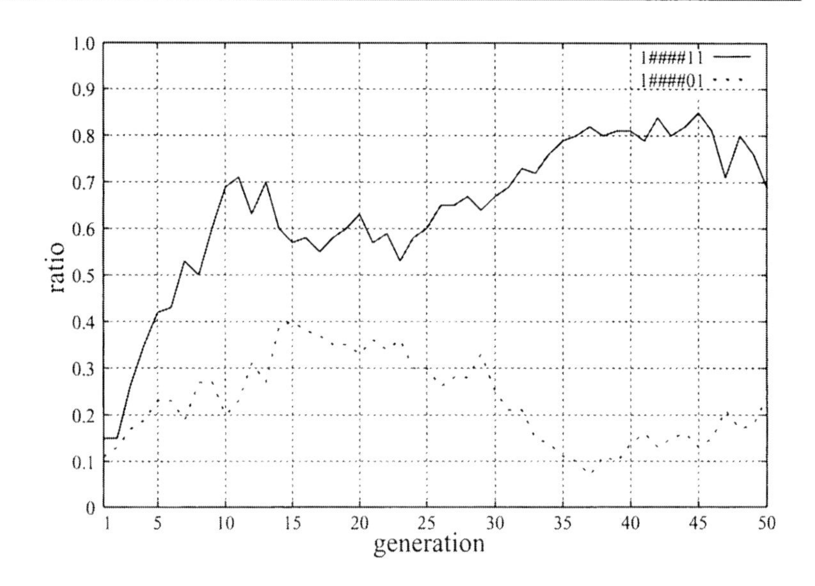

図 2.10: 戦略の淘汰過程 (2)：1####11 ／ 1####01

をとり続ける戦略である．図 2.9 からわかるように，これらの戦略を持つエージェントの数は，10 世代をまたず全体の 10%以下に低下，その後ほぼ 0% に収束し，そして完全に駆逐されてしまうことが観察された．

これらの全面 C 戦略は，一度でも D を選択したエージェントよりも常に相対的に低い利得しか得ることができない．そのため，GA による適応過程において，個体比率が減少していったと考えられる．

2.3.2.2 全面「裏切り」戦略

図 2.10 は，戦略：1####11 ／ 1####01 の淘汰過程を示している．これらの戦略は，世代開始から世代終了まで一貫して D をとり続ける戦略である．図 2.10 からわかるように，シミュレーション開始後まもなくから増殖し，10 世代時点でほぼ全体の 90%を占めるに至っている．図 2.10 では，戦略：1####11 の方が 1####01 よりも高い比率を示しているが，シミュレーションによって

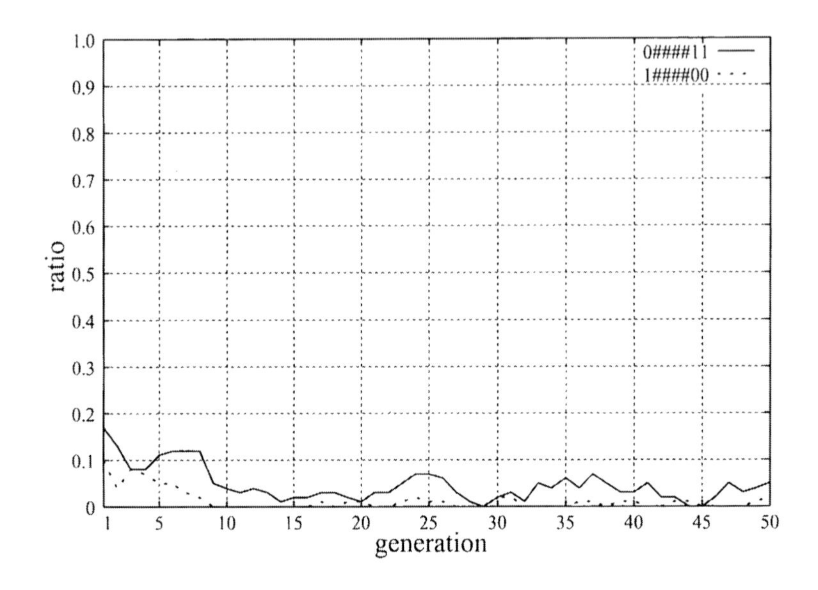

図 2.11: 戦略の淘汰過程 (3)：0####11 ／ 1####00

はこの比率が逆になることも観察された．重要なのは，この2つの戦略の比率の大小ではなく，これら2つの戦略を持つエージェントの比率が大勢を占める傾向が，明確に観察されたことである．

これらの全面「裏切り」戦略は，一度でも「協調」を選択したエージェントよりも常に相対的に高い利得を得ることができる．GA による適応過程において，個体比率が増加したのは，そのためであると考えられる．

2.3.2.3 その他の戦略

図 2.11 は，戦略：0####11 ／ 1####00 の淘汰過程を示している．戦略：0####11 は，関数 G の値が 0 である限り，行動変更を行わず C をとり続けるが，いったん関数 G の値が 1 をとると D に変更し，以後世代が終了するまで D をとり続ける戦略である．つまりエージェントにとって望ましい変化を検知している限り，行動変更を行わず C をとり続けるが，いったん望ましくない変

化を検知すると D に変更し，以後世代が終了するまで D をとり続ける戦略である．戦略：1####00 は，エージェントにとって望ましい変化を検知している限り，D をとり続けるが，いったん望ましくない変化を検知すると C に変更し，以後世代が終了するまで C をとり続ける．いずれの戦略とも 10%以下の低い比率にとどまることが観察された．

戦略 0####11 は，ある世代のゲームの多くの段階において，D を選択しているものと思われる．なぜなら，この場合も，G_i の値が世代を通じて 0 の値を維持するとは考えられないからである．したがって，この戦略は，戦略 1####00 よりも高い利得を得るため，比較的高い個体比率を保ったと思われる．しかしながら，この戦略 0####11 も，全面 D 戦略に対しては相対的に低い利得しか得られず，適応過程によって全面 D 戦略よりも低い個体数となったと考えられる．

戦略 1####00 は，ある 1 つの世代を構成するゲームの多くの段階において，C を選択しているものと思われる．なぜなら，G_i の値が世代を通じて 0 の値を維持するとは考えられないからである．したがって，この戦略は，全面 D 戦略よりも相対的に低い利得しか得られず，GA による進化過程によって個体数比率を減少させたと考えられる．

図 2.12 は，戦略：#####10 の淘汰過程を示している．この戦略は，特定の行動から特定の行動へ変更することを指定するのではなく，単に「現在の状態から他の状態へ推移する」ことのみを指定した行動変更ルールを持つ戦略である．シミュレーションでは 10%以下の比率に低下することが観察された．この戦略も全面 D 戦略に対しては，相対的に低い利得しか得られないことによると考えられる．

以上の観察を整理しておこう．まず，GA は，あくまで個々のエージェントの戦略を単位として動作させていることに注意する必要がある．GA は，個々のエージェントの適応度を基準として選択を行っているのであり，集団の平均的なパフォーマンスを高める方向で操作をしているのではない．つまり，選択の単位は個々のエージェントであり，エージェント集団ではないということで

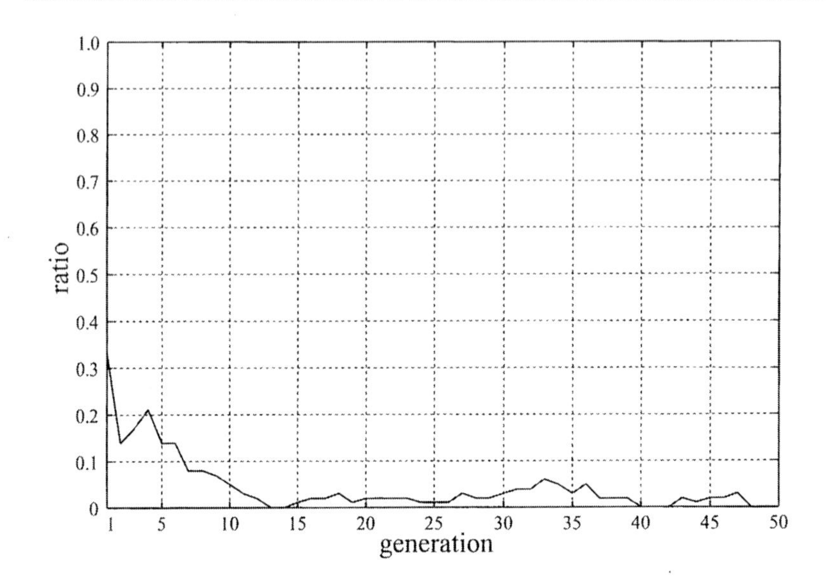

図 2.12: 戦略の淘汰過程 (4)：#####10

ある．このことは，各エージェントは利己的に行動するようにシミュレーションを行っていることを意味している．エージェントは集団全体の利益を増進させるために戦略の適応を行うのではなく，自分の利得を増加させるために「環境」へ適応していくのである．その結果，平均協調率で表されるシステム全体のパフォーマンスが，徐々に低下していく現象が観察された．すなわち，エージェント集団はゲームの初期の段階では高い協調率の状態にあったとしても，各々のエージェントは行動 D を多く選択することがより高い利得を得ることを知る．それが次の世代へ継承され，そのような知識が少しずつエージェント全体にいきわたり，その過程で協調率が徐々に下落していく．そしてついには，多くのエージェントが行動 D をより高い頻度で選択するような戦略へと適応し，協調率が低い水準で安定する局面へと移行する，というものである．これが，GA による進化シミュレーションの結果である．

2.4　考察

2.4.1　シミュレーション結果について

シミュレーション結果は次のように要約できるだろう

- 平均協調率は世代を経るごとに低下し，10%以下の水準に収束する．
- 「裏切り」を選択する比率の高い行動変更ルールを持った戦略が，世代を経るごとに割合を増加させ，大勢を占めるに至る．

シミュレーションを用いた研究には，パラメータ変更などに対して結果が頑強ではないという批判がしばしばなされる．つまり，結果はたまたま設定したパラメータのもとで現れたものであって，システムの一般的な性質を分析したということにはなっていない，というものである．たしかにそれは，シミュレーションという方法にともなう難点ではある．反面，それが分析に柔軟性を与えていることも見逃せない．これらのことを念頭におきつつ，シミュレーション結果について考察を試みる．本章のシミュレーションで結果に影響を与えると思われるパラメータは次の2つであろう．

1. 交叉確率，突然変異率等のGA手続きにおけるパラメータの変更
2. 行動変更ルールのバリエーションの追加

これらの点を素材として，本章のシミュレーションで得られた結果について考察してみよう．

2.4.1.1　GAパラメータの変更による結果への影響

本章のシミュレーションでは，交叉確率を0.6，突然変異率を0.01に設定した．パラメータをこれらの値から大きく変化させると結果にも影響を与えることが予想される．特に極端な値を設定すれば，結果に影響を与えることは避けられないであろう．

残念ながら，遺伝的操作におけるパラメータの最適な値を決める理論は，今のところ存在していない．最適近似などの工学的な応用においては，最適解との差を観測しながらパラメータを調整することが可能なので，さほど大きな問題とはならないであろう．しかしながら，最適解がわかっていないようなモデルでは，最悪の場合，シミュレーション結果の解釈が困難になることが予想される．これはGAの短所の1つである．

本章のシミュレーションは，工学的応用にみられるようなパラメータ調整をすることは不可能なので，他の研究においてしばしば使われる水準に設定している．

2.4.1.2 行動変更ルールのバリエーション追加による結果への影響

ジレンマ（二律背反）の状況におかれたエージェントは，自己の利得を考えれば「裏切り」を選択せざるを得ない．そのような状況下で「協調」を選択させる単純な方法は，エージェントの行動をモニタし「裏切り」を選択すればペナルティを与えるなどして，「裏切り」を選択することが相対的な利得差からみて合理的でない状況を設定することである．そのための手段としては，2つのアプローチが考えられる．1つは，第3者がシステム全体をモニタし，「裏切り」を選択したエージェントを発見すればペナルティを与える方法である．いま1つは，エージェントが互いに相手の行動をモニタする方法である．前者の方法はモニタリングとペナルティのシステムを導入してゲームの構造を変更することに他ならないので，ここでの考察の対象からははずすことにしよう．問題は行動変更ルールのバリエーションを追加することによって，エージェントが互いの行動をモニタし，牽制し合うような状況を作れるかである．もしそのような状況をつくることができるような行動変更ルールが存在すれば，シミュレーション結果を変更させることになるだろう．そのことを検討するために，エージェントが互いの行動をモニタして牽制し合い，「協調」行動をより多くの比率で選択するような状況を作り出すことが可能な例である，もう1つのN

人囚人のジレンマ・ゲームをみることにしよう．

N 人が関与する囚人のジレンマ・ゲームは，ゲームの構造上の差異から，2 つのタイプがある．日本語では，いずれも「N 人囚人のジレンマ・ゲーム」という訳語になるため，区別できないが，一方は，N Person Prisoner's Dilemma Game であり，もう一方は，N Person Prisoners' Dilemma Game である．本章の検討対象は後者であり，これを前者と区別するために社会的ジレンマ・ゲーム (Social Dilemma Game) と呼ぶこともある[12]．ここでは，便宜上，前者を Type1，後者を Type2 と呼び，Type1 の理論的構造について述べる．

Type1 は，基本的には 2 人のエージェントによる 1 対 1 の対戦である．利得表は図 2.13 として与えられる．2 人のエージェントは，黙秘 (C)，自白 (D) のいずれかを選択できるものと想定される．利得は 2 人のエージェントがそれぞれ選択した行動に依存して決定されることになる．例えば，エージェント 1 が黙秘を，エージェント 2 が自白を選択した場合の利得は，利得表の 1 行 2 列目の欄に記述されている．左側がエージェント 1 の，右側がエージェント 2 の利得である．すなわち，

- R：2 人とも C を選択した場合の利得
- P：2 人とも D を選択した場合の利得
- T：相手が C を選択し，自分が D を選択した場合の利得
- S：自分が C を選択し，相手が D を選択した場合の利得

である．ただし，それぞれの場合の利得には次の関係が満たされているものとされる．

$$T > R > P > S \tag{2.14}$$

$$\frac{(S + T)}{2} < R \tag{2.15}$$

[12] 社会的ジレンマについては，山岸 [58]，[59]，テーラー [57] を参照．

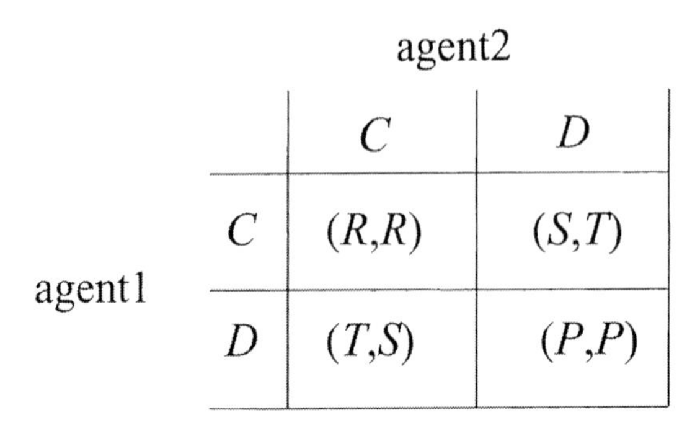

図 2.13: Type1 ゲームの利得表

利得表の中の値は，これらの不等式を満たすのであればどのような値でもよい．式 2.14 は，次の 2 つのことを要求している．

- $T > R$, $P > S$ より，相手がどのような行動をとるかに関係なく，「裏切り」の利得が大きい．
- $R > P$ より，ともに協調行動をとる方が，ともに裏切り行動をとるよりも利得は大きくなる．

前者は，「裏切り」が「協調」を支配することを要求している．後者は，ジレンマ状況を生み出す条件である．また，式 2.15 は，次のことを要求している．すなわち，

- 2 人のエージェントが交互に搾取しあったとき（すなわち，S と T を交互に得る）は，毎回協調行動を選択したときより（すなわち，R, R, ... を得るより）平均利得が低い．

この要件は，繰り返しゲームにおける制約を与えている．

囚人のジレンマ・ゲームでは，2 人の囚人がエージェントであって，彼らが選択できる行動は，黙秘（これが「協調」:C に相当），自白（これが「裏切り」:D に相当する）というのがもともとの設定である．仮に，利得を $T = 0$, $R = -1$, $P = -6$, $S = -9$ とする．いま 2 人の容疑者が逮捕されているとしよう．

ところが警察は証拠がまだ不十分なので，どちらか一方が自白しない限り罪を問うことができない．そこで警察は容疑者をそれぞれ別々の取調室に入れ，彼らのとりうる行動とそれのもたらす帰結について次のように説明する．もし 2 人がともに黙秘すれば，2 人ともに懲役 1 年 ($R = -1$) の判決であろう．また，もし 2 人がともに自白すれば，2 人はともに懲役 6 年 ($P = -6$) であろう．しかし，もし 1 人が自白し，もう 1 人が黙秘を続けるのであれば，自白した方はすぐに釈放 ($T = 0$) され，黙秘した方は懲役 9 年 ($S = -9$) であろうと．さて，容疑者達はどのような選択をするのか．式 2.14 より，自白が黙秘を支配することがわかるので，いずれの容疑者も「自白」を選択することがナッシュ均衡となることは容易にわかる．一方，同じ式によって容疑者たちにとっては，両者とも「黙秘」を選択し懲役 1 年の刑に服することがより望ましいことがわかる．しかし，自分の利得を考えると「自白」を選択せざるを得ず，その結果かえって不利な状況に陥ってしまうのである．

ところで，この 2 人の容疑者の例は，ここでの議論で重要なこと，すなわち「エージェントが互いに相手の行動をモニタし牽制し合う」ことができるかどうかを考察するためには，あまりよい想定ではない．そのことのより具体的なイメージをつかむには，ホッフスタッター[13] があげた次の例の方が有用であろう．

> あなたがいま，なにか（たとえばお金）をしこたまもっていて，なにか別のもの（たとえば切手，食糧雑貨類，ダイヤモンドなど）を欲しいと思ったとしよう．そこで，あなたは欲しいものを扱ってくれる（知っているかぎり唯一の）ディーラーと取り引きをする．ところが，ある事情により取り引きは秘密裏に行わなければならない．あなたは取り引き相手とこういう約束をとりかわした．森の中の指定された場所に自分のカバンを置く．そして別の場所に置いてある相手のカバンを持ち帰る．取り引きは 1 回限り，相手と顔を合わすことは絶対にない[14]．

[13] ホッフスタッター [21, 邦訳 p. 691] を参照．

[14] もっとも，この想定で N 人ゲームが実行されると，森のあちらこちらでこのような取り引

		ディーラー	
		C	D
あなた	C	(3,3)	(-3,5)
	D	(5,-3)	(0,0)

図 2.14: 「あなた」と「ディーラー」の利得表

エージェントは，「あなた」と「ディーラー」の2人である．ここで，「あなた」にとってはかばんの中に正直にお金を入れておくことが C（協調）であり，お金を入れないことが D（裏切り）である．ディーラーにとってはかばんの中に注文を受けた商品を入れておくことが C（協調）であり，何も入れておかないことが D（裏切り）である．ここでは理解を容易にするために，特に，$T = 5$, $R = 3$, $P = 0$, $S = -3$ と想定しよう．このとき利得表は，図 2.14 のように与えられる．

もし2人がともに正直にお金や商品をカバンの中に入れるとすれば，2人ともに得られる利得は $R = 3$ である．互いに商品やいくらかの儲けを得ることができるというわけだ．また，もし2人がともにカバンの中に何もいれない場合は，2人はともに $P = 0$ しか得ることができない．ともに，わざわざ森まで出かけて行ったにもかかわらず何も得ることができないからである．しかし，もし1人がカバンの中に何も入れず，もう1人が正直にお金や商品をカバンの中に入れるとすれば，前者は利得 $T = 5$ を得ることができ，後者が得る利得は $S = -3$ である．前者は，お金を払わないで商品を手に入れる，あるいは商品を渡さないでお金だけ手に入れるわけであるから，濡れ手に粟で最も高い利得 $T = 5$ を手に入れる．それに対して，後者はお金を払ったのに商品を手にする

きが行われることになってしまい，いささか滑稽ではあるが．

ことができない，あるいは商品をカバンに入れておいたのにお金を得ることができない，つまり，損失 $S = -3$ を被るのである．

そして，エージェントはこの利得表の情報を持っているが，相手がどの行動をとるか事前には知ることはできないという状況の下で，自分の利得が最大になるような行動を選択すると想定される．さて，エージェントはどのような行動を選択するだろうか．まず，「あなた」の側に立って考えてみよう．仮に「ディーラー」が C を選択したとすると，「あなた」が C を選択したときの利得は3，D を選択したときの利得は5である．したがって，この場合は「あなた」にとって D を選択することが合理的となる．次に，「ディーラー」が D を選択したとしよう．それに対して「あなた」が C を選択したときの利得は-3，D を選択したときの利得は0となる．したがって，この場合も「あなた」にとっては D を選択することが合理的となる．このことは，式2.14が前提となるとき一般に成立する．そして「ディーラー」にとっても同様の議論が可能である．

したがって，エージェントが選択すべき行動は，「カバンの中に何も入れない (D)」であり，両者が「カバンの中に何も入れない (D)」を選択するということがゲームのナッシュ均衡となる．しかしながら，2人のエージェントの利得の合計は，両者とも「正直にお金を入れておく／注文を受けた商品を入れておく (C)」を選択したほうが大きくなる．かくして，各々エージェントが自らの利得の最大化をはかろうとすると，2人の利得合計としてみると（最終的には個々の利得水準としてみても）望ましくない結果に陥るというジレンマが発生するのである．

この設定例では，「あなた」はカバンにお金をいれず，「ディーラー」はカバンに何も入れない，ということが理論的な帰結となった．また，この例では，取り引きは「1回限りで，相手と顔を合わせることは絶対ない」ので D を選択することが有利であることが，容易にイメージされるだろう．カバンの中に何も入れず，相手を出し抜くことがそれぞれにとって有利だからである

ところで，この例を思考実験の材料として，「取り引きは1回限り」という設定をはずし，「継続的な取り引き」が行われるとするならば，どのような条件

が必要なのかを考察することができるだろう.「継続的な取り引き」とは,両者の間で長期的な商取引を行うことを意味する.長い人生を有意義に過ごすには,さまざまなものが必要となるだろう.そのためには,継続的な取り引きが必要となろう,というわけだ.継続的な取り引きにおいて重要な特徴は,1対1の取り引きなので相手の以前の行動がわかること,長期的な利得合計を最大にすることがエージェントの目的となることである.両者が長期的な取り引きを行おうとする場合に選択すべき行動は何か.エージェント同士が,継続的な取り引きを希望するならば,互いに C を選択することが望ましいこともまた容易にイメージされよう.なぜなら,1度でも D,すなわちカバンに商品が入っていなかったり,あるいはお金が支払われなかったりすれば,信用を失い,次回からの取り引きは行われないだろうからである[15].そうなると,長期的に継続して利得を得ることはできず,利得最大化という目的を達成することができない.ところで,このような考察は,数学的な扱いをすることが可能である.無限繰り返しゲームのもとでは,将来利得に対する割引因子 δ が次式2.16,

$$\delta \geq \max\left(\frac{T-R}{T-P}, \frac{T-R}{R-S}\right) \tag{2.16}$$

を満たすとき,しっぺ返し戦略をとる2人のエージェントは協調関係を築くことを,解析的に証明することができる.以下に,証明の概要を見ていこう[16].

しっぺ返し戦略とは,最初はCを選択し,以後は相手が1つ前のゲームでとった行動を現時点で実行するというものである.2人のエージェントがともにしっぺ返し戦略をとるとき,互いに常に協調を選択することになるので,エージェントの割引利得和は,

$$R + \delta R + \delta^2 R + \ldots = \frac{R}{1-\delta} \tag{2.17}$$

となる.この均衡が安定的である条件を求めよう.均衡が安定的とは,エー

15) このような自発的協調関係の生成については,コンピュータ・シミュレーションが有力な分析道具である.古典的な成果として,アクセルロッド [6] がある.

16) 岡田 [48] による.

ジェントがその均衡から離脱するインセンティブを持たないような状態のことである．このケースでは，しっぺ返し戦略から逸脱した場合に，式 2.17 で表される利得を下回らない条件となる．証明では，エージェントは対称的なので，エージェント 1 について条件を求めればよい．

ここで，エージェント 1 は $t-1$ 回目までしっぺ返し戦略をとっていたが，t 回目（$t = 1, 2, \ldots$）に行動を D に変更し，しっぺ返し戦略から逸脱したとしよう．しっぺ返し戦略をとるエージェント 2 は，報復として $t+1$ 回目には D を選択する．これに対して，エージェント 1 は，C か D を選択することが可能である．エージェント 2 がしっぺ返し戦略をとり続けるとすると，t 回目以降の逸脱パターンは，エージェント 1 の逸脱の仕方によっていくつかのケースが考えられる．その中で最も単純なケースは，t における 2 人の行動パターンを $(a_1, a_2)^t$ と表すと，

$$(D, C)^t,\ (C, D)^{t+1}$$

である．このケースでは，$t+2$ 以降には，$(C, C), \ldots$ に戻るので逸脱パターンの列の長さは 2 となる．したがって，均衡の安定条件は，この行動の列の利得が，

$$(C, C)^t,\ (C, C)^{t+1}$$

による利得を下回ることである．その条件は，次の不等式が満たされることである．

$$R + \delta R \geq T + \delta S$$

すなわち，

$$\delta \geq \frac{T - R}{R - S} \tag{2.18}$$

である．他のケースについても，同様な検討を行うことによって均衡の安定条件 2.16 が導かれる．この証明のポイントは，次の 2 つである．

- 割引因子がある水準以上であること．

- 相手が D を選択すれば，それに対してこちらも D を選択することで報復が可能であること．

この2つのポイントが，しっぺ返し戦略による協調関係が可能であることを数学的に証明するには必要なのである．前者は，エージェントがある程度長期的な利得を考慮することを，後者は，まず，ゲームが1対1の対戦であって，継続的に行われることを意味する．これらの意味については，次のように論じることができる．さて，「D を選択することで報復が可能である」とはどういうことか．Type1 ゲームの利得表の条件式2.15が，説明してくれる．この条件は，先に述べたように，「2人のエージェントが交互に D を選択しあったときは，毎回協調行動を選択したときより平均利得が低い」ことを意味している．2人のエージェントが，しっぺ返し戦略をとり続けている状態を想定しよう．その状態が続く限り，協調関係は持続する．ある時点において，一方が逸脱して D を選択したとしよう．それに対してもう一方が，次回に D を選択したとする．式2.15は，この2ステージの平均利得が，協調関係を持続している場合よりも低いことを要求しているのである．したがって，この式が成立するならば，相手が D を選択したことに対して，こちらも D を選択することによって，相手の利得を減らすことができるのである．「相手が D を選択すれば，それに対してこちらも D を選択することで報復が可能であること」とは，このことを指している．

Type1 ゲームでは，商取引の例のような1対1のゲームをN人の参加者が行う[17]．このことは，ゲームの構造上，個々のエージェントは他のエージェント1人1人と直接のやりとりが存在することを意味する．そのため，各エージェントは相手を特定することが可能なのである．したがって，Type1 では，互いに直接的な影響を与えあうことが可能であって，その意味ではエージェント同士がネットワーク化されているといえるだろう．各々のエージェントは，

[17] したがって，エージェントにとってはゲームを $N-1$ 回行うことになり，行動の決定も $N-1$ 回行わなければならない．全体では，$(N-1)!$ 回のゲームが行われることになる．ゲームとしては，Type1 の方がより複雑な構造を持っている．

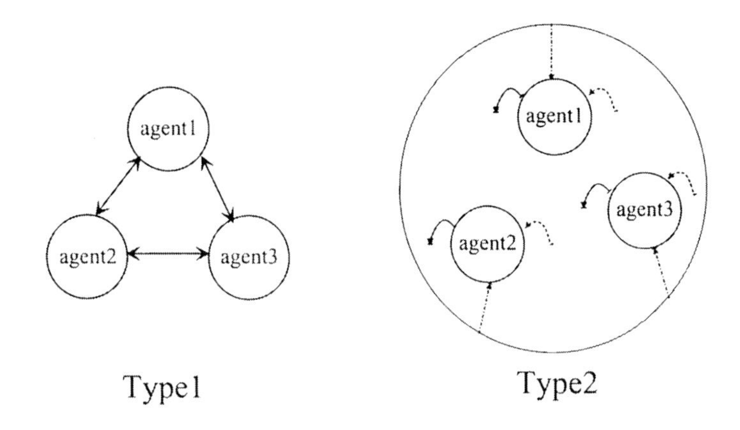

図 2.15: 2 つの N 人囚人のジレンマ・ゲーム（$n = 3$）

あるゲームのステージにおいて，相手のエージェントがどのような行動を選択したかについての情報を知ることができる．そして繰り返しゲームではその情報を活用した戦略を構成できることが重要である．

これに対して本書の考察対象である Type2 のゲームでは，ゲームの構造上，エージェント同士の直接のやりとりは存在しないため，各エージェントは他のエージェントがどのような行動をとったかを知ることができない．つまり，先の数学的な証明の後者のポイントを，満たすことができないのである．彼が知り得るのは，ある時点における全体の協調者数と自分の利得に関する情報のみである．つまり，ここでは，匿名のエージェントを相手にしていることになる．その意味で，各々のエージェント同士が相互にネットワーク化されておらず，その関係はまるで個々ばらばらで直接的つながりが失われた社会のようでもある．図 2.15 は，これまでに述べた N 人が関与する囚人のジレンマ・ゲームの異なる 2 つのタイプの特徴を図示したものである．この図は，Type1 が対エージェント間でのゲームであるのに対して，Type2 では，個々のエージェントは自分を取り巻く「環境」に対してゲームを行うことを示している．

以上のことから，2 つのゲームの構造上の差異によって，エージェントが戦略を構成する際に留意する点として，次のような重要な相違が生じることがわかる.

1. Type2 のゲームにおいては，ある1人のエージェントの行動はすべてのプレーヤーの利得水準に影響を与えるが，Type1 のゲームでは，あるエージェントの行動が他のエージェントの利得水準に影響を与えるのは，直接対戦する1人のプレーヤーのみである.
2. Type1 では，ゲームはエージェントの1対1の対戦なので，誰がどのような行動を選択したか知ることができるが，Type2 では，誰がどのような行動を選択したかを少なくとも直接知ることはできない.

これら2つの相違点においては，エージェント間の直接的相互作用の有無が重要な役割を果たしている．これが，「相手が D を選択すれば，それに対してこちらも D を選択することで報復が可能である」かどうかを画すのである.

Type2 ゲームは，Type1 ゲームのような「人間」と「人間」の間のゲームとは異なり，なんらかの設定を付け加えないかぎり相手が過去にどのような行動をとったかを知ることはできない．Type2 では，エージェント同士の直接の相互作用はないためである．Type1 ゲームは，「人間」と「人間」の相互作用に焦点をあてたモデルである．一方，Type2 ゲームでは「環境」と「人間」の相互作用，あるいは，「環境」を介しての「人間」と「人間」の相互作用の分析に焦点をあてようとしている.

以上の考察から，シミュレーション・モデルにおける行動変更ルールのバリエーションを加えることによっては，結果に影響を与えることは困難であることがわかる．より複雑な行動変更ルールを設定したとしても，ここでの行動仮説を前提とする限り，モデルはほとんどのエージェントが高い比率で「裏切り」を選択する状況に収束するであろう．エージェント同士の直接的なやりとりのない世界では，相手の行動履歴の情報を利用した戦略を構成し，それによって互いの行動をモニタし牽制し合うことは不可能であるからだ.

結果が変わりうるのは，モニタリングとペナルティのシステムを導入する場合である．いま1つは，エージェントの意思決定構造にわけいり，異なる合理的意思決定プロセス——相対利得の差を基準とする行動仮説とは異なる——を実装する場合である．前者はゲームの構造を変更することになるため，ここでの議論の文脈からは後者に若干の可能性が残されているということができるだろう．前者については第4章で，後者については第3章で検討する．次に，GAの経済分析への適用について検討する．

2.4.2 GAの経済分析への適用について

2.4.2.1 GAの役割

GAの役割は大きく分けると2つある．1つは関数の最適近似である．スキーマ定理が示すように，GA自体の振舞いは数学的に解明されてはおらず，最適解を得る保証はない．しかしながら，最適解にどれだけ近いかを評価することができれば，それを適応度としてGAにかけてやることで最適近似解を得ることができる．それによって，解き方がわからないような問題でも，最適近似解を得ることができるというメリットがある．現実の応用例は，最適近似解がわかれば十分な場合が多い．

GAのもう1つの役割は，生物進化の計算理論としての役割である．GAの手続きを簡単な生物進化のシミュレーションとして捉え，それによって進化メカニズムの解明を目指す研究領域である．GAの手続き自体は，遺伝子レベルの進化過程をシミュレートしたものとみなすことができる．生物進化の計算理論としてのGAは，その自然な延長線上にあるといえるだろう．関数の最適近似がGAの工学的応用であるとすると，これはGAの理学的な応用と位置づけることができる．経済分析におけるアルゴリズムの役割も，これらGAの役割とパラレルな2つの役割があると考られる．

2.4.2.2 経済分析におけるアルゴリズムの役割

経済分析におけるアルゴリズムの役割は，次の2つの分類軸によって整理することができるだろう．

1. 合理的戦略の探索手法
2. 経済仮説＝アルゴリズム

第1の合理的戦略の探索手法としての役割とは，予測モデルの構築や合理的戦略の探索などを指している．前者は予測モデルの最適な構造やパラメータの探索，後者は制約条件下で目的関数最適化といったオペレーションズリサーチ的な研究がそれに当たるだろう．これらは，基本的には関数最適化アルゴリズムの経済分析への応用である．

第2の経済仮説＝アルゴリズムとしての役割とは，経済行動，あるいは経済現象の計算理論としてアルゴリズムを構成することである．ある「環境」のもとで，ある仮説にしたがう行動を取るならば集団としてどのような振舞いをするのか．この「ある行動仮説」をアルゴリズムとして構成し，プログラムとして実装することによってシミュレーションを行い，システム全体の振舞いを分析する．この役割では，アルゴリズムが最適解を得るかどうかは必ずしも主要な問題とはならないと思われる．アルゴリズムの経済仮説の計算理論としての実質こそが問われるのである．経済学における伝統的な分類にしたがって，第1の分類軸を規範的分析 (normative analysis)，第2の分類軸を実証的分析 (positive analysis) とすることができるかもしれない．しかしながら，経済分析ではこれらが完全に分離されておらず，むしろ混合されて分析が行われている場合がしばしばある．「経済行動仮説＝（制約条件下での）目的関数最大化」という想定である．伝統的な経済分析における合理的行動仮説に基づく分析は，このような前提のもとで行われている．なお，本章のシミュレーションは，適応行動仮説としてGAを適用した例として位置づけることができる．次に，これら2つの役割としてのGAを検討する．

2.4.2.3　合理的戦略探索手法としてのGA

スキーマ定理が示すように，GAは最適解への収束を保証しない．合理的戦略探索手法としてGAを適用することには，その意味で限界をはらんでいる．

しかしながら，最適解にどれだけ近いかを評価することができる問題であれば，GA 適用の可能性が存在する．経済分析でのそのような応用例としては，経済時系列の予測モデル構築がある．実測値とモデルによる予測値の差を適応度として設定し GA をかけることによって，最適（近似）な予測モデルの構造を得ることが期待できる[18]．

合理的戦略探索手法として GA を経済分析に適用するには，他分野の工学的応用と同様に，最適解にどれだけ近いかを評価できる必要がある．単純な構造やよく知られた構造を持った問題の最適化に GA を適用することは，GA の性能を他の手法と比較評価するという意味以外のメリットはないだろう．そのような問題には，最適解を得ることが保証されたアルゴリズム——例えば線型計画法におけるシンプレックス法のような——を適用すべきである．GA の能力を十分に活かせるのは次の 2 つの要素を持った問題領域と考えられる．

- 複雑な構造を持っていて，解き方が解明されていない．
- 最適解にどれだけ近いかを評価できる．

経済分析において，そのような問題領域を見い出すこと．合理的戦略探索手法として GA を経済分析へ適用することの可能性は，その点にかかっているといえるだろう．

2.4.2.4 経済仮説 – 経済進化過程としての GA

GA は，自然淘汰を模した選択手続きにより優れた個体の遺伝子を後の世代に残し，交叉や突然変異といった遺伝子操作によって遺伝子に変異を加えることにより新しい解の可能性を探索する手法である．問題は，GA 操作を経済進化過程とどのような関連を持たせることができるかである．そのためには，選択，交叉，突然変異手続きを，経済過程としてどのような解釈をすることができるかを検討しなくてはならない．すなわち，経済的進化の計算理論として

[18] 例えば，和泉・植田 [29] を参照．

GA をどのように位置づけることができるかである．

「選択」手続きは，より高い適応度を持つ戦略がより高い確率で生き残らせる操作であり，これは経済における競争的状況をモデル化したものと解釈することができる．しかし，経済分析における伝統的な競争概念とは異なる点がある．経済分析では，特に新古典派経済学における経済主体は，自らの内的基準によって市場への参入・退出を決定する．一方，GA では，適応度として外的に決定される各経済主体の相対的な優位度によって参入・退出が決定されるのである．

「交叉」手続きは，より高い適応度を持つ戦略の要素や特徴の一部を他のエージェントが自分の戦略構成にとり入れてる真似ることと解釈することができる．したがって，この手続きでは，エージェント間で戦略構成のパフォーマンスについての情報交換が行われていることが暗黙に仮定されていると考えるべきである．しかもそのための情報交換が高速に，かつ費用ゼロで行われているという想定がなされていることに留意する必要がある．この点においては，ナッシュ均衡戦略との類似性がみられる．前章で述べたように，ナッシュ均衡戦略仮説においては，「エージェントはゲームの前に集まって，ゲームをどうプレーすべきなのかをよく話し合う」という想定がなされている．その意味で，シミュレーション結果が，ナッシュ均衡戦略による解と同じになるのは当然といえるかもしれない．重要なのは，GA をそのまま適用することは，経済行動仮説に暗黙のうちにある特定の意味を加えるということである．分析者は，それに自覚的である必要がある．

「突然変異」手続きは，新しい発想によって，あるいは気まぐれ，偶然などによってある世代の集団において新しい戦略構成を生成することと解釈することができる．この手続きは，シュンペータ的な創造的破壊をモデル化したものと位置づけることができるかもしれない．

以上が，GA の経済進化過程を描写する経済行動仮説としての解釈である．問題は，GA の手続き——選択淘汰，交叉，突然変異——によって描写される経済進化過程が適切かどうかである．本章のモデルについていえば，1 つの問題は，蓄積された経験を次世代に継承するロジックを明示的に持たないことであろう．GA がこのロジックを持たないのは，ある意味当然である．蓄積された経験はいわば獲得形質であって，遺伝子レベルの進化過程ではそれらは遺伝しない――つまり次世代に継承されないからである．しかし，人間社会の歴史は，1 人 1 人の個人の経験が蓄積され，それを社会として共有し知識として後代に継承 されていく過程である．経済システムの進化という歴史的過程もその例外とはなり得ないはずである．

なお，GA にはシミュレーション分析の技術的な側面での問題が存在する．GA による探索では，交叉手続きが重要な役割を果たしている．交叉手続きは，選択手続きを経た集団に対して，ある交叉確率 (p_c) によってランダムに選択された遺伝子座で交叉をして 2 つの子孫を生成する．ここでは乱数がアルゴリズムの中心的な役割を果たしている．そのことが GA に強力な探索力を与えているのだが，その一方でそれはシミュレーションによって生成された過程を事後的に分析にすることを困難にする場合がある．ある遺伝子ペアについてなぜ交叉手続きが行われたか．それは，偶然そうなった，としか答えようがない．乱数によってそれを決めたのだから．そこでできることは，シミュレーションの前提と結果を眺めて解釈することであり，それ以上の分析は困難かつ無意味となるのである．このことは，経済進化仮説として GA を適用する際の問題点の 1 つである[19]．

[19] この点は合理的戦略の探索手法として適用する場合には，問題とはならない．

第3章

学習によるシミュレーション

3.1 強化学習

3.1.1 強化学習とは

「環境」からの強化信号 (reinforcement signal) という特別な入力を手がかりとして適応するタイプの機械学習 (machine learning) を，強化学習 (reinforcement learning) という[1]．強化学習は，人工知能における主要な研究領域をなしている[2]．

図 3.1 は，強化学習モデルの標準的な構造を示している[3]．エージェントは，自分を取り巻く「環境」の「状態認知」，「環境」へのはたらきかけである「行動」という 2 つの経路によって，「環境」との相互的な関係にある．エージェントは，入力信号として「環境」の状態 s を受け取り，行動決定器 によって行動 a を出力として選択する．状態認識器には限定的な認知能力がしばしば仮定され，「環境」の状態 s を必ずしも正確に認知できるとは限らない．

---

[1] 本節の強化学習全般に関する記述は，Kaelbling-Littman-Moore [31, 1996]，山村・宮崎・小林 [60]，畝見 [70] によっている．

[2] 人工知能に関する全般的な内容については，馬場口・山田 [10]，西田 [44]，ラッセル－ノルビグ [52] 等を参照のこと．

[3] Kaelbling-Littman-Moore [31] の Fig1. をもとに作成した．

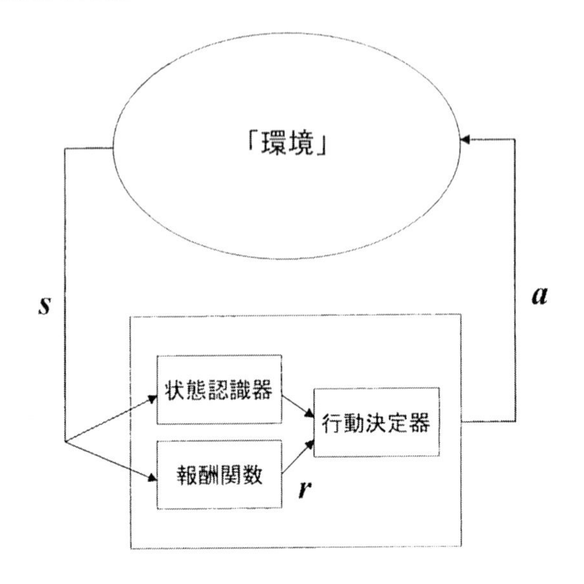

図 3.1: 強化学習モデルの構造

エージェントの行動は「環境」の状態を変化させ，この状態推移によって発生する価値は，報酬関数 (reward function) から出力されるスカラ量の強化信号 r としてエージェントに伝えられる．エージェントの行動選択器は，強化信号値の長期的な総和を増加させる行動を選択しなければならない．そのような行動規則を，「環境」との相互作用から試行錯誤的に獲得するところに強化学習の特徴がある．

強化学習モデルは，形式的には，次のような要素から構成される．

- 「環境」の状態の集合：S
- エージェントの行動の集合：A
- 強化信号の集合:$\Re$

集合 S，A は離散値の集合，強化信号はスカラ量で，典型的には $\{-1, 0, 1\}$ をとることが多いが，他の実数値でもかまわない．エージェントの目的は，強化信号の長期的総和を最大にするような「状態」から「行動」への写像を見いだすことである．これを次のような例でみてみよう．

ある閉鎖空間におかれた自律走行ロボットが，障害物を避けて目的地まで達することができるような知識を学習させることを考えてみよう．ロボットはセンサー，つまり「環境」の認知機構を持っており，彼の視界中に，

- 「障害物がある」
- 「目的地がある」
- 「何もない」

ことのみを認識できるとしよう．これらが状態に関する情報であり，「環境」の集合を構成する．当然，エージェントの視野角，可視距離は限定されており，ある程度の距離・位置に近づかないと，障害物や目的地を認知することはできない．

そして，彼が選択できる行動は，

- 「y 度方向を変更する」
- 「一定の距離前進する」

だけだとしよう．すなわち，これらが行動集合を構成するのである．そして，強化信号は次のように与えられるとする．

- 目的地に到達すると，強化信号 1 が与えられる．
- 障害物に衝突すると，強化信号 −1 が与えられる．
- それ以外の場合には，強化信号 0 が与えられる．

ロボットが任意のスタート地点から目的地に達するには，複数の行為を選択しなければならないのは明らかである．ある位置から目的地に到達するまでの行動の系列を想像してみよう．例えば，それらは次のようなものかもしれない．

1. 状態：進行方向に障害物がある
   行動：「方向の変更」を行う．

強化信号：0を得る.

2. 状態：何もない.
   行動：「一定の距離前進」
   強化信号：0を得る.
3. 状態：視界中に目的地を認識.
   行動：その方向へ「方向の変更」を行う.
   強化信号：0を得る.
4. 状態：進行方向に目的地がある.
   行動：「一定の距離前進」
   強化信号：1を得る（目的地に到達).

これらの一連の行動によって，やっと目的地に到着である．この時点で，目的地への到達の成功に対する報酬 (reward) として正の強化信号が与えられる．この報酬はある「環境」の状態推移のもとでの，一連の行為によって得られたのであるから，この場合の報酬は，最後の「一定の距離前進」という行為だけではなく，1～4の一連の行為の結果によって獲得したことに注意すべきである．強化学習では，報酬が得られてから，次の報酬が得られるまでのエージェントの行為の系列をエピソード (episode) という.

さて，これは成功した例である．1度の試行でうまく行くはずはない．そこで，例えば次のようなケースも考えられる.

1. 状態：進行方向に障害物がある.
   行動：「一定の距離前進」
   強化信号：0を得る.
2. 状態：進行方向に障害物がある.
   行動：「一定の距離前進」
   強化信号：−1を得る（障害物に衝突).

この例では，1～2の一連の行為によって，「障害物に衝突」という結果を得た．その時点で，負の強化信号が報酬（罰）として与えられる．強化学習では，これらのような例を，エージェントが自律的に多数繰り返し，試行錯誤によって障害物を避けて目的地へ到達するための知識を学習するのである．

機械学習では，その学習方法によって，「教師つき学習 (supervised learning)」と「教師なし学習 (unsupervised learning)」とに分類されることがある．教師つき学習では，入力とそれに対して出力すべきデータのセットを，前もってシステムに数多く与えることによって，入力—出力関係の知識を獲得させる．例としては，階層型ニューラルネットワークを用いた，パタン認識などがあげられる．これに対して，教師なし学習では，システムが出力すべきデータが教師からは与えられず，システムが実際に行った出力に対する評価というかたちをとる．この評価は，強化学習では正あるいは負の強化信号として，学習者に与えられる．一般的には，その報酬の長期的な総和を最大にするような入力－出力関係の知識を獲得することが学習の目的となる．システムは，そのような知識の獲得を目指して数多くの試行を繰返し，得られた経験を解析することによって，試行錯誤的に入力－出力関係の知識を獲得するのである．このように，教師なし学習では，外部からの協力を得ずに，システムが自律的に必要な知識を獲得するという点に特徴がある．強化学習とは，教師なし学習の代表的な例である．

3.1.2 強化学習モデル

強化学習では，エージェントの目的は，現在から未来にわたる強化信号の総和を最大化するような知識を獲得することである．したがって，無限期間モデル (infinite-horizon model) では，強化信号の割引現在価値を最大にする行動規則を獲得することが，エージェントの目的となる．時刻 t における強化信号の大きさを r_t とすると，強化信号の割引現在価値は，

$$\sum_{t=0}^{\infty} \gamma^t r_t \tag{3.1}$$

とかける．ここで，γ は $0 < \gamma < 1$ なる定数であり，報酬の割引因子あるいは単に割引因子 (discount factor) と呼ばれる．γ がゼロに限りなく近い場合は，開始ステップ以降における報酬を無視することになるため，現在時点で与えられる報酬のみを考慮することとなる．逆に γ が1に近い場合では，行動の評価は長期的なものとなる．γ の値の大小によって，学習者がどのくらい先の未来までを考慮するかが決まることになる．

式3.1で表されるモデルは，理論的な解析に使用されることが主である．無限期間モデルに組み込まれている未来の報酬は，実際には観測できないからである．そのため，実用には，式3.2で表される過去から現在までの強化信号の加重和をその近似値として用いて対処する[4]．

$$\sum_{t=0}^{i} \gamma^{i-(t-1)} \cdot r_t \tag{3.2}$$

次に，望ましい行動規則を獲得するための学習アルゴリズムの，主要なものについて述べる．

3.2　強化学習に用いられる学習アルゴリズム

3.2.1　強化学習における2つの指向性

強化学習では学習者の経験は学習者自身の行動に強く依存するため，その時点の評価見積もりを最大にするような行動選択が，長期的にみて必ずしも最適な決定となるとは限らない．そのため，式3.1を真に最大化するには，「環境」に対して十分な探検 (exploration) を行う必要がある．しかしながら，複雑な構造を持つ問題では試行回数が爆発的に増大するため，「環境」の探検を十分に行えない可能性がある．

山村・宮崎・小林 [60] は，強化学習に望まれる性能には，結果としてなるべく大きい報酬を得るという最適性と，学習途中でもなるべく大きい報酬を得

[4] 畝見 [70].

続けるという効率性の 2 つの側面があるとしている[5]．そして，最適性は「環境」についてなるべく広く知ることで得られるので，最適性を重視する接近を「環境」同定型 (exploration oriented) と呼び[6]，一方，効率性は報酬を得た経験を分析し繰り返すことで得られるので，効率性を重視する接近を経験強化型 (exploitation oriented) と呼んでいる．この分類にしたがうならば，問題の構造によっては，探検にエネルギーを費やす「環境」同定型学習よりも，継続的に報酬を得る行動パターンを確立することを重視した経験強化型学習が望ましいことがありうることになる．

以下に述べる Q 学習 (Q-learnig) は，環境同定型学習アルゴリズムの代表例である．次に登場するバケツリレー・アルゴリズム (buket brigade algorithm) と利益共有法 (profit sharing) は，経験強化型アルゴリズムの代表例である．

3.2.2　Q 学習

本節では，Watkins-Dayan [71] による Q 学習のアルゴリズムを説明する．まず，次の 2 つの関数を定義しよう．

- 報酬関数 $R : S \times A \rightarrow \Re$
- 状態推移関数 (state transition function) $T : S \times A \rightarrow S$

報酬関数 R は，状態と行動の組に対して実数値の強化信号 $\Re$ を対応させる関数である．状態推移関数は，状態と行動の組に対して，次期の遷移先状態を対応させる関数である．

$V^*(s)$ をある状態 s を出発点とした場合に得られる最適報酬とする．すなわち，

$$V^*(s) = \max_{\pi}\left(\sum_{t=0}^{\infty} \gamma^t r_t\right) \tag{3.3}$$

[5] ここでの，最適性，効率性という言葉は，経済学における用法と異なることに注意する必要がある．

[6] 山村・宮崎・小林 [60] の用語法では，“環境同定型” である．

である．ここで，π は最適報酬を得る行動規則である．さらに，状態 s において，行動 a を選択することによって遷移する状態を $s' = T(s, a)$ としよう．式 3.1 で表される値を最大にするには，行動 a を選択することによって得られる報酬 $R(s, a)$ と，状態 s' を出発点とした場合の最適報酬の和，

$$R(s, a) + \gamma V^*(s') \tag{3.4}$$

を最大にするような行動 a を選択することが要求される．それには，関数 R, T の情報が必要であるが，強化学習の枠組みでは，エージェントはそれらの情報を先験的に持っておらず，また，外部から与えられることもない．このままでは望ましい行動規則を学習することは困難である．そこで，次式 3.5 で定義する関数 $Q(s, a)$ を導入しよう．

$$Q(s, a) \equiv R(s, a) + \gamma V^*(s') \tag{3.5}$$

関数 $Q(s, a)$ の値を Q 値 (Q-value) という．一方，$V^*(s)$ は定義により，

$$V^*(s) = \max_a Q(s, a) \tag{3.6}$$

と表せるから，$V^*(s') = \max_{a'} Q(s', a')$ であり，これと式 3.5 から，$Q(s, a)$ は次のように再帰的に定義できる[7]．

$$Q(s, a) = R(s, a) + \gamma \max_{a'} Q(s', a') \tag{3.7}$$

式 3.7 において，Q 値は，「状態 s において，行動 a を選択した」という一種のルールベースに対する評価を表している．Q 値を最大にする行動を実行したときの Q 値を $Q^*(s, a)$ とする．Q 学習では，Q 値を最大にするような行動をエージェントが試行錯誤によって探索することになる．それによって，最適な状態と行動の組を獲得することが期待されるのである．そのためには，最適値と現状の値の差分 $Q^*(s, a) - Q(s, a)$ をもとに，Q 値を更新すればよい．具体的には，$Q^*(s, a) - Q(s, a)$ を小さくするような行動 a を選択することである．

[7] 説明を簡単にするため，状態 s から s' の経路は 1 つしかないものとしている．

しかしながら，実際には，最適値 $Q^*(s, a)$ は直ちにはわからない．そこで，次のように考える．状態 s において行動 a を実行した結果，強化信号 $R(s, a)$ が得られ，状態が s' に遷移したとしよう．式 3.7 によれば，このような試行錯誤過程における Q 値の修正差分は，

$$R(s, a) + \gamma \max_{a'} Q(s', a') - Q(s, a)$$

となる．これに学習率 α を用いて，Q 値の更新ルールは，次式 3.8 で与えられる．

$$Q'(s, a) \leftarrow Q(s, a) + \alpha(R(s, a) + \gamma \max_{a'} Q(s', a') - Q(s, a)) \tag{3.8}$$

ただし α は，$0 \leq \alpha < 1$ なる定数である．Q 値の更新は，状態 s から s' への遷移が行われるたびに行われる．式 3.8 によって表される Q 値の更新ルールが，Q 学習の基本的なメカニズムである．Q 学習は，「環境」がマルコフ的ならば，Q 値の収束後，最適な行動決定規則を獲得することが数学的に証明されている[8]．ただし数学的な解析結果が保証しているのは，Q 値収束後に得られた行動規則の最適性であって，学習過程の性質については何ら述べるものではないことに留意が必要である．

3.2.3 バケツリレー・アルゴリズム

バケツリレー・アルゴリズムと利益共有法は，ホランド [22] のクラシファイア・システム (classifier system) における信頼度配分 (credit assignment) の手続きとして提案されたものである[9]．本項では，まず単純クラシファイア・システム (simple classifier system) の概要を説明し，続いてバケツリレー・アルゴリズムについて述べる[10]．

[8] Watkins-Dayan [71].
[9] クラシファイア・システムを経済分析に応用したものに，Marimon-McGrattan-Sargent [36] がある．
[10] 本項の内容は，Grefenstette [18] に依る．

3.2.3.1 クラシファイア・システム

クラシファイア・システムは，行動規則に対する信頼度配分メカニズムと，新たな行動規則の発見メカニズムによって構成されている．前者は，「環境」からの報酬を用いて，よりパフォーマンスの高い行動規則を高い確率で選択するように各行動規則の信頼度を変更するものである．行動規則発見メカニズムでは，ある一定間隔で各行動規則に配分された信頼度を適応度とみなしてGAを適用することにより，新たな行動規則を生成する．

クラシファイア・システムにおける行動規則 ϕ_i は，次のような形式で書かれる．

- ϕ_i:現在の状態が s_i ならば，行動 a_i を実行する．

このように，各行動規則は条件部と実行部から構成されている．

各ステップにおいて，現在の状態と一致する状態を条件部に持つ行動規則は，複数存在することがあり得る．クラシファイア・システムでは，このような行動規則の競合を解消するために入札を行う．付け値の大きさは，「$\bar{b}\times$ 強度」であり，ここで，$\bar{b}$ は付け値比率 (bid ratio) と呼ばれ，$0 < \bar{b} < 1$ であるとする．強度 (strength) は，行動規則を実行したときに「環境」から得られた報酬をもとに決定－更新される．バケツリレー・アルゴリズムと利益共有法は，行動規則の強度決定－更新手続きでの1つである．この行動規則の強度更新手続きのことを，信頼度配分という．単純なクラシファイア・システムでは，付け値によって計算される確率によって，現在の状態と一致する状態を条件部に持つ行動規則の中から1つが選択される．行動規則 ϕ_i が選択される確率は，

$$\frac{bid_i}{bid_M}$$

に設定される．ここで，bid_M は現在の状態と一致する状態を条件部に持つ行動規則の付け値合計である．選択された1つの行動規則が実行され，状態推移が行われる．現在の状態と一致する条件部をもつ行動規則がなければ，ランダ

ムに行動規則を選択する．状態推移によって「環境」から正，負，あるいはゼロの報酬を受け取る．クラシファイア・システムの目的は，報酬を最大にするような行動規則を学習することである．

3.2.3.2　バケツリレー・アルゴリズム

次に，バケツリレー・アルゴリズムによるクラシファイア・システムの信頼度配分手続きをみていこう．ステップ t において行動規則 ϕ_i が選択され，ステップ $t+1$ において行動規則 ϕ_j が選択されたとしよう．$\hat{\phi}_i$ を ϕ_i の強度とすると，バケツリレー・アルゴリズムにおける信頼度配分手続きは次式で表される．

$$\hat{\phi}_i(t+1) = \hat{\phi}_i(t) - \bar{b}\hat{\phi}_i(t) + \bar{b}\hat{\phi}_j(t) \tag{3.9}$$

バケツリレー・アルゴリズムの特徴としてまずあげられるのは，強度の更新は行動規則が選択されたステップではなく，次のステップで行われるということである．すなわち，ステップ t で選択された行動規則の強度は，次のステップ $t+1$ において更新されるのである．

強度 $\hat{\phi}_i$ の更新差分は，式 3.9 の右辺第 2 項と第 3 項によって表される．右辺第 2 項 $\bar{b}\hat{\phi}_i(t)$ は，ステップ t で ϕ_i 自身が入札に出した付け値である．まずこの値が，強度 $\hat{\phi}_i$ から差し引かれる．そして右辺第 3 項 $\bar{b}\hat{\phi}_j(t)$ は，次のステップ $t+1$ において実行された行動規則 ϕ_j の 1 ステップ前 (t) に提出した付け値であり，これが強度 $\hat{\phi}_i$ に加えられる．つまり式 3.9 の更新ルールは，ステップ t で選択された行動規則の強度が，次のステップ $t+1$ で選択された行動規則の 1 つ前のステップ t の付け値によって強化されることを意味しているのである．このことからわかるように，バケツリレー・アルゴリズムでは，得られた強化信号がゼロであっても，各ステップにおいて信頼度配分が必ず実行される．これは，次にみる利益共有法と対照的な特徴である．

3.2.4 利益共有法

続いて，利益共有法による信頼度配分メカニズムをみていこう[11]．ここでの議論は前項と同様に，単純クラシファイア・システムを前提として進める．

報酬が得られてから，次の報酬が得られるまでのエージェントの行為の系列のことをエピソードという．利益共有法では報酬が得られた時点，すなわちエピソード終了時点で，エピソードの間に実行された全ルールに信頼度配分が行われる．この点は，バケツリレー・アルゴリズムと対照的な特徴である．

エピソードが終了した時点を τ とする．そのエピソードにおいて実行されたある行動規則 ϕ_i の強度を $\hat{\phi}_i(\tau)$ とする．利益共有法による信頼度配分手続きは次式で与えられる．

$$\hat{\phi}_i(\tau+1) = \hat{\phi}_i(\tau) - \bar{b}\hat{\phi}_i(\tau) + \bar{b}p(\tau) \tag{3.10}$$

ここで $p(\tau)$ は，エピソード終了時点に得られた報酬である．

強度 $\hat{\phi}_i$ の更新差分は，式 3.10 の右辺第 2 項と第 3 項によって表される．右辺第 2 項 $\bar{b}\hat{\phi}_i(\tau)$ は，このエピソードにおいて行動規則 ϕ_i が「環境」の状態と一致したときに入札に出した付け値である．まず，この値が強度 $\hat{\phi}_i$ から差し引かれる．そして右辺第 3 項 $\bar{b}p(\tau)$ は，エピソード終了時点に得られた報酬を $\bar{b}$ で割引いたものである．この値が，エピソードに参加した各行動規則に加えられる．つまり式 3.10 の更新ルールは，エピソード中においては状態が一致した行動規則は付け値を提出するだけであり，エピソード終了時点で実行された行動規則の強度を一挙に更新することを意味しているのである．

利益共有法において，報酬までのステップ数とエピソードに参加した行動規則への報酬分配率を対応づける関数を強化関数 (reinforcement function) という．強化関数は報酬を得た時点からどれだけ過去かを引数とし，強化値を返す関数である．

---

[11] 本項の内容も Grefenstette [18] に依っている．

ここで説明したGrefenstette [18] による更新ルールでは，行動規則への報酬配分は $\bar{b}p(\tau)$ である．つまり強化関数としては，行動規則がどれだけ過去のものであるかに関係なく，一定値をとる関数を想定していることになる．これとは異なる性質を持つ強化関数を提案したものに宮崎・山村・小林 [42] がある．彼らは，報酬を得ることに貢献しない無効な行動規則が，それと競合する有効な規則よりも強化されてしまわない必要十分条件を求めている[12)]．彼らの得た条件を満たす関数で最も単純なものは，報酬を得たエピソード終了時点から過去に遡るにしたがって，強化値が等比減少する関数である．

3.2.5 実例に基づく強化学習

本節では，畝見 [69] の「実例に基づく強化学習法」について述べる．このアルゴリズムには，先に述べた強化学習の代表的なアルゴリズムの考え方のいくつかが取り入れられている．

3.2.5.1 実例に基づく強化学習

Aha-Kibler-Albert [1] の「実例に基づく学習アルゴリズム (instance-based learning algorithm)」は，獲得した訓練例を加工せずにそのまま記憶し，類似度検索によって最も適当な出力を得るという点に特徴がある．Aha-Kibler-Albert [1] では，そのアルゴリズムを用い，教師つき学習によってパタン分類問題を学習させている．畝見 [69] の「実例に基づく強化学習法 (instance-based reinforcement learning method)」は，「実例に基づく学習アルゴリズム」を強化学習に応用したものである．

機械学習において「実例に基づく」アプローチとは，エージェントが経験した多くの例を加工せずに記憶し，問題解決の時点で何らかの尺度にしたがった類似知識検索を行うことにより，未知の状況に対応しようとするものである．

12) 議論の詳細は，宮崎・山村・小林 [42] を参照．

このアプローチは，基本となる単純な規則があらかじめ与えられた状況から出発するホランドのクラシファイア・システム等とは，前提条件を異にしている．この点で，ゲームのシミュレーション・モデルを構築する際に前もって規則（あるいは規則を構成する集合）を作る必要がなく，エージェントの学習アルゴリズムとして容易に実装できるという利点がある．反面，ある程度の大きさの記憶容量と高速な計算能力を必要とすることから，昨今の計算機の処理能力の向上に伴って注目されつつあるアプローチといえる．

これまでの強化学習法の研究としては，ニューラルネットワーク (neural network) に基づく手法，および GA に基づく手法が多く開発されている．しかし，ニューラルネットではネットワークの構造によって同定可能な関数の領域があらかじめ制限されるため，予期しない「環境」への適応能力に限界がある．また GA では，ルールを遺伝子に翻訳する都合上数値データを扱う場合には値の量子化が必要となり，問題固有の調整が必要となる．畝見 [69] のアプローチは，実例に基づく学習の枠組みを用いることによって，これらの欠点の克服を目指したものである．

畝見 [69] では，次のような仮想世界をアルゴリズムのテスト・ベッドとしている．

> 学習エージェントは，えさを求めて 2 次元平面の仮想世界を歩きまわる人工昆虫である．入力は虫の視覚に対応し，視野に入った物体の種類と距離を認識することができる．出力は虫の行動に対応し，方向転換と一定距離の前進が可能である．学習の目的は世界に配置されたゴミに触れずに，えさを食べることである．物体に触れたときにそれがゴミである場合には罰（すなわち負の強化入力）が，えさの場合は報酬（正の強化入力）が得られる．

そして，これを次のように形式化している．

- 入力は数次元の数値ベクトルを 1 つの時点の要素とする無限長の離散時系列である．以下では，時点 t における入力データ X_t を $(x_{t1},\ x_{t2},\ \ldots,\ x_{tn})$

と表現する．$x_{ti}(i = 1, 2, \ldots, n)$ は実数である．

- 出力はあらかじめ定められた数個の記号からなる集合 $\sum_Y$ の 1 つの要素を一時点の要素とする無限長の離散時系列である．すなわち時点 t における出力データ a_t は，$a_t \in \sum_a$ である．出力データ集合 $\sum_a$ は，$\{-45^o, -30^o, -15^o, 0, 15^o, 30^o, 45^o\}$ とする．虫は出力データにより決められる角度にしたがって向きを変え，その後あらかじめ決められた一定の距離だけを前進する．
- 強化入力は正，ゼロ，負の 3 つの要素のうち 1 つを一時点の値とする．すなわち，時点 t における強化入力 r_t は $r_t \in \{-1, 0, 1\}$ である．

このような仮想世界について，畝見 [69] は，学習システムの出力（すなわちエージェントの行動）にともなう「環境」変化の文脈独立性を仮定している．「環境」変化の文脈独立性と対をなす概念は，「環境」変化の文脈依存性 である．

「環境」変化の文脈独立性とは何か？　時点 t における「環境」を表す変数を X_t とすると，「環境」変化が文脈独立的である場合，時点 t において行動を決定するには，X_t のみに着目すればよいことになる．つまり，そのような「環境」では，エージェントは各ステップにおける入力から出力への写像を実現する関数を取得すればよい．上記の仮想世界は，このような想定が可能である．

それに対して「環境」変化が文脈依存的である場合，X_t の値が同じであっても，それに先行する X_{t-1}, X_{t-2}, ... の値が等しくなければ，異なる「環境」と認識される．単純な例として，「環境」変数をある財の価格とし，先行する価格変動を予測して売買を行うことを考えてみよう．この場合現在の価格 x_t がどのような経路を通じて実現したかが，次期の行動決定にとって重要になる．例えば価格が上昇することによって x_t に到達したのか，下落することによって到達したかによって，全く状況は異なり，とるべき行動もまた異なるからである．

「環境」変化の文脈独立性の仮定は，経済時系列データの予測モデル構築などの応用に対しては，制約としては厳しすぎるだろう．しかしながら，コモンズ・ゲームのシミュレーションに応用するには問題はないと考えられる．また

「環境」変化の文脈依存性を持つ問題に対しても，アルゴリズムを拡張することによって対応は可能であると思われる．

3.2.5.2 基本アルゴリズム

実例に基づく強化学習の基本アルゴリズムは，以下のようになる[13]．

```
Program LBRL0;
integer t;
t := 0;
repeat begin
   t := t + 1;   ... (1)
   InData := GetSensoryData( );   ... (2)
   OutData := Policy(InData);   ... (3)
   PutActionData(OutData);   ... (4)
   Rinfc := GetReinforcement( );   ... (5)
   ModifyMem(InData, OutData, Rinfc);   ... (6)
end forever
```

アルゴリズムにおける各手続きの内容は次のようになる．

(1) は，時間を1ステップ前へ進める手続きである．整数型の変数 t は，時間を表す．(2) は，入力データの取得手続きである．入力データは虫の視覚からの入力データであり，周囲にある物体の種類と距離を反映した数値である．この手続きは，関数 GetSensoryData( ) によって行われる．取得した入力データは，変数 InData に格納される．(3) は，出力データの決定手続きである．出力データは虫の行動を表し，ここでは方向転換に対応した数値である．これを実現する Policy( ) については，後に詳しく述べる．出力データの決定は，関数 Policy( ) に変数 InData を渡すことによって実行される．決定された出力データは，変数 OutData に格納される．(4) では，データ出力を行う．すなわち変数 OutData を受取り，行動を実行する．(5) は，強化入力の取得手続きである．

13) 畝見 [69]．以下同様．

実行された行動によって得られた強化入力を関数 GetReinforcement( ) によって取得し，変数 Rinfc に格納する．(6) は，記憶の更新手続きである．これは，入出力データを記憶する手続きと，ゼロでない強化入力が得られた場合にエピソードを強化する手続きからなる．これらを実現する関数 ModifyMem( ) についても後に詳しく述べる．

3.2.5.3　記憶更新の基本手続き

記憶更新のアルゴリズムは次の通りである．

```
real InMem[∞];
symbol OutMem[∞];
real RifMem[∞];
function ModifyMem(InData, OutData, Rinfc): void
begin
   InMem[t] := InData;    ... (1)
   OutMem[t] := OutData;    ... (2)
   if Rinfc := 0; then RifMem[t] := 0;    ... (3)
   else begin
      R := Rinfc;    ... (4)
      I := t;    ... (5)
      while I> 0, |R| > ν and RifMem[I] := 0
      do begin
         RifMem[I] := R;    ... (6)
         R := γ · R,    ... (7)
         I:= I − 1;    ... (8)
      end
   end
end
```

前に述べたように，記憶更新手続きは，入出力データを新たな記憶場所に割当てる記憶手続きと，強化入力がゼロでない場合に，エピソードに関連する記憶データに強化入力の記憶を逆伝播させる手続きから構成される．

InMem[ ], OutMem[ ], RifMem[ ] は，それぞれ入力，出力，強化入力の経験を記憶する配列である．これらの配列はすべての経験を記憶するのに十分な容量を持つものと仮定する．入出力データを記憶する手続きは単純である．(1)，(2) に示されているように，入力データ InData を InMem[t] に，出力データ OutData を OutMem[t] にコピーするだけである．

強化入力の逆伝播手続きでは，強化入力の値に応じて処理が分岐される．得られた強化入力 Rinfc がゼロの場合は，それを RifMem[t] にコピーするだけである (3)．得られた強化入力がゼロでない場合は次の手続きにしたがう．まず得られた強化入力値 Rinfc を R にコピーし (4)，現在の時点 t を変数 I にコピーする (5)．

逆伝播手続きは，RifMem[I] にゼロでない強化入力値をコピーし (6)，R を γ で割引した後に変数 R へコピーする (7)．そして一時点過去に遡る (8)．つまり時点 t で得られたゼロでない強化入力値を r_t とすると，逆伝播は次の式によることになる．

$$\mathrm{RifMem[I]} = \gamma^{t-(\mathrm{I}-1)} \cdot r_{\mathrm{I}},\ \ \mathrm{I} = t,\ t-1,\ \ldots$$

この逆伝播手続きは，I> 0，$|R_t| > \nu$ かつ RifMem[I] = 0 の条件を満たした段階で停止される．ここで，γ は $0 < \gamma < 1$ を満たす 1 に近い定数であり，ν は $0 < \nu < 1$ を満たす 0 に近い定数である．

畝見 [69] は，「実例に基づく強化学習アルゴリズム」を Q 学習を実現する方法と位置づけているが，この逆伝播手続きは，エピソードに強化入力値を配分する利益共有法に特徴的な考え方である．畝見 [69] による実例に基づく強化学習アルゴリズムは，「環境」同定型と経験強化型のハイブリッドと位置づけることができるだろう．

3.2.5.4 行動決定の基本手続き

行動決定手続きでは，まず現在の入力データと類似性が高くかつ期待される強化入力値が大きいものを，過去に記憶された入力データを遡って検索する．

適当なデータが検索できた場合には，その出力データを現時点において出力すべきデータとして選択する．適当なデータが検索できなかった場合には，既知の出力データ集合 $\sum_a$ の中からランダムに選びだす．行動決定の基本的アルゴリズムは次のようになる．

```
function Policy(InData): symbol
begin
  if t ≤ 2 then Policy := RandomSelect(∑a);    ... (1)
  else begin
    find K in [1, ..., t − 1]
    where RifMem[K] > 0 and which makes
    Z(InMem[K], InData) · RifMem[K] maximum;    ... (2)
    if K was succesfully found
    then Policy := OutMem[K];    ... (3)
    else Policy := RondomSelect(∑a)    ... (4)
  end
end
```

上に述べた行動決定の考え方によると，少なくとも2つ以上のデータが得られた後でなければ，類似度の計算はできないことになる．そこで不都合を避けるため，最初の2サイクル ($t \leq 2$) は記憶の検索を行わずランダムに行動することとなる．すなわち，出力データ集合 $\sum_a$ の中から関数 RandomSelect( ) によってランダムに出力データを選択する (1).

最初の2サイクル以降 ($t > 2$) においては，現在の入力データと類似性が高く，かつ期待される強化入力が大きいものを検索する (2)．それが記憶された時点を K とする．ここで，$K = t - 1, \ldots, 1$ である．入力データの類似度検索では，次の式 3.11 で定義された類似度を用いる．$Z(X_l, X_m)$ は2つの入力データ X_l と X_m との間の類似度とすると，次式の通りとなる．

$$Z(X_l, X_m) = 1 - \frac{1}{2n}\sum_{i=1}^{n}\frac{(x_{li} - x_{mi})^2}{V_{Xi}} \tag{3.11}$$

ここで V_{Xi} は i 番目の要素についての分散である．ただし少なくとも2つ以上のデータが得られた後でなければ，類似度の計算はできないことに注意する必要がある．類似度にこのような一種の正規化を施すのは，そのことによって応用領域の特質による差を吸収することが可能となるからである．

現在の入力データと類似性が高く，かつ期待される強化入力が大きい記憶を検索するための尺度として，類似度とその記憶に割り当てられた強化入力の記録値の積を用いる (2)．ただし，強化入力が負の値を持つ記憶は検索の対象から除外する．これにより，2つの要件をともに満たす記憶を見つけ出すことが可能となる．

さてこれらの手続きによって検索に成功すれば，それと同じサイクルにおいて出力されたデータを現在のサイクルにおいて出力すべきデータとして選択する (3)．検索に失敗すれば，既知の出力データ集合 $\sum_a$ の中からランダムに選びだすことになる (4)．

以上が，「実例に基づく強化学習」の基本的な手続きである．

3.3 モデリング

3.3.1 戦略仮説のモデル化

強化学習を用いたシミュレーション・モデルを構築するにあたって，戦略仮説を設定しよう．本章では，先にみた「実例に基づく強化学習」に手を加えた学習アルゴリズムを用いる．そこで，それに対応した戦略仮説を新たに設定することにしよう．

3.3.1.1 戦略仮説

前章で述べたように，コモンズ・ゲームでは直接エージェント同士のやりとりは存在しないため，エージェントは他人がどのような行動を選択したかを直接知ることはできない．したがって「しっぺ返し戦略」のような，他のエージェントの取った行動に対して自分の行動を決定するという方式の戦略はとることができない．

ここでも，予測不可能な「環境」のもとでは，比較的単純な戦略を設定し，「環境」変化に応じて適応させる，という考え方をベースにする．学習アルゴリズムとしてみた場合に，GAとの特徴的な差異は，エージェントの経験を記憶しそれに基づいた意思決定をするということである．このアルゴリズムに基づいた戦略仮説を構成することにより，GAの場合とは異なってさらに一般的な表現を得ることができる．エージェントの戦略仮説は次の通りである．

- エージェントは，ある状態において選択した行動に対して得られた結果を，そのまま経験として記憶する．
- 直面する「環境」の状態に対して望ましい結果が期待される行動を，記憶中から検索し，決定する．
- 「環境」の変動に対しては，以上のメカニズムによって試行錯誤的に適応する．

3.3.2 強化学習によるシミュレーション・モデル

以下，順にモデルのロジックを説明する．まずは，畝見 [69] にならって，次のようにコモンズ・ゲームを形式化しよう．

- 入力は，スカラ量を1つの時点の要素とする無限長の離散時系列である．時点 t における入力データ X_t は，1つ前の時点 $t-1$ における協調者数とする．
- 出力は，あらかじめ定められた2つの記号のうち1つの要素を一時点の要素とする無限長の離散時系列である．時点 t における出力データ a_t は，エージェントの行動に相当し，「協調する (C)」か「裏切る (D)」かのいずれかを選択するものとする．すなわち，出力データ集合 $\sum_a$ は，$\{C, D\}$ となる．
- 強化入力は，各時点のゲームによって得られた利得とする．この点で，標準的な強化学習問題と異なる．

エージェントは時点 $t-1$ の協調者数を入力として，時点 t の出力を決定する．すなわちエージェントは，時点 t において行動を決定するには，X_{t-1} のみに着目すればよく，このことは，「環境」変化が文脈独立的であることを意味している．エージェントの目的は，強化信号の総和を最大にするような入力から出力への写像を実現する関数を取得することである．

3.3.3 基本アルゴリズム

基本アルゴリズムは，以下のようになる．

```
Program CommonsGame1;
integer t;
t := 0;
repeat begin
   t := t + 1;    ... (1)
   InData := CopyFromPastInData( );    ... (2)
   while(i ≤ n) do
   begin
      OutData_i := Policy1(InData);    ... (3)
   end
   Cooperators := AggrigateActionData(OutData_i);    ...(4)
   while (i ≤ n) do
   begin
      Rinfc_i := PlayTheGame(OutData_i, Cooperator);    ... (5)
      ModifyMem(InData, OutData_i, Rinfc_i);    ... (6)
   end
end forever
```

アルゴリズムにおける各手続きの内容は次のようになる．

(1) は，時間を 1 ステップ前へ進める手続きである．整数型の変数 t は，時間を表す．(2) は，入力データの取得手続きである．時点 t の入力である $t-1$ における協調者数は，既に $t-1$ のゲーム実行において取得されている．したがって，関数 CopyFromPastInData( ) は単に $t-1$ における協調者数を変数 InData にコピーするだけである．(3) は，各エージェントの出力データの決定手続きである．出力データは，「協調して廃水処理装置をつける」か「裏切って廃水処理装置をつけない」のいずれかである．これを決定する関数 Policy1( ) については，後に詳しく述べる．出力データの決定は，関数 Policy1( ) に変数 InData を渡すことによって実行される．決定されたエージェント i の出力データは，変数 $\mathrm{OutData_i}$ に格納される．手続き (3) はエージェントの数 n だけ繰り返される．各エージェントの行動が決定された段階で，データ出力の集計を行う (4)．すなわち，各エージェントの変数 $\mathrm{OutData_i}$ を受取り，時点 t において「協調」を選択したエージェント数を集計し，変数 Cooperators に格納する．(5) は，ゲームの実行手続きである．実行された行動によって得られた利得を関数 PlayTheGame( ) によって取得し，エージェント i の変数 $\mathrm{Rinfc_i}$ に格納する．(6) は，記憶の更新手続きである．これは，入出力データを記憶する手続きと，入力—出力の組に対して与えられた強化入力を過去に向かって割引く手続きからなる．これらを実現する関数 ModifyMem( ) についても後に詳しく述べる．手続き (5)，(6) もエージェントの数 n だけ繰り返される．

3.3.4 記憶の更新の基本的手続き

```
real InMem[∞];
symbol OutMem[∞];
real RifMem[∞];
function ModifyMem(InData, OutData, Rinfc): void
begin
  InMem[t] := InData;     ... (1)
  OutMem[t] := OutData;     ... (2)
  RifMem[t] := Rinfc;     ... (3)
  I := t;
  while do I≥ 0
  begin
    RifMem[I] := ρ · RifMem[I];     ... (4)
    I := I −1;
  end
end
```

以上が，記憶更新のアルゴリズムである．

InMem[ ]，OutMem[ ]，RifMem[ ] は，それぞれ入力，出力，強化入力の経験を記憶する配列である[14]．これらの配列はすべての経験を記憶するのに十分な容量を持つものと仮定する．入出力データを記憶する手続きは単純である．(1)，(2) に示されているように，入力データ InData を InMem[t] に，出力データ OutData を OutMem[t] にコピーするだけである．これらの手続きは，基本的に畝見 [69] と同様である．

通常ゲームでは，行動を選択するたびに，それに対する利得がそのつど与えられるのであって，多くの強化学習問題にみられるように一連の行動を積み重ねることによって報酬が得られるのではない．つまり，コモンズ・ゲームは，エピソードによって利得を得るという構造ではないのである．強化信号の逆伝播手続きは，エピソードを構成する各入力－出力の組に対して報酬を配分するために行われるわけであるから，ここでは必要ない．ここではそれに代えて，過去の強度を徐々に減じていく手続きを導入する．t サイクル目の強化入力値を r_t，記憶領域を RifMem[t] とすると，過去の強化入力の割引手続きは次の式による．

$$\mathrm{RifMem}[t] = \rho^{\mathrm{I}-(t-1)} \cdot r_t \quad t = 1,\ 2,\ \ldots,\ \mathrm{I}$$

ここで，ρ は $0 < \rho < 1$ を満たす定数である．この手続きは，(4) によって表されている．

3.3.5 行動決定の基本的手続き

行動決定手続きは，基本的に畝見 [69] と同様の考え方を採用している．すなわち，現在の入力データと類似性が高く，かつ期待される強化入力値が大きいものを，過去に記憶された入力データを遡って検索する，というものである．行動決定の基本的アルゴリズムは次のようになる．

---

[14] 以後，誤解が生じない限りにおいて，エージェント i の添字 i は，簡単のため省略する．アルゴリズムはすべてのエージェントに共通である．

```
function Policy1(InData): symbol
begin
  if t ≤ 2 then Policy:= RandomSelect(∑a);      ... (1)
  else begin
    find K in [1, ..., t − 1]
    which makes
    Z(InMem[K], InData) · RifMem[K] maximum;      ... (2)
    if K was succesfully found then
    begin
      if random( ) ≥ pk      ... (3)
      then Policy := OutMem[K];      ... (4)
      else Policy := SelectTheFewer( );      ... (5)
    end
    else Policy := RondomSelect(∑a);      ... (6)
  end
end
```

最初の 2 サイクル（$t \leq 2$）は記憶の検索を行わずランダムに行動する．すなわち，出力データ集合 $\sum_a$ の中から関数 RandomSelect( ) によってランダムに出力データを選択する (1).

最初の 2 サイクル以降（$t > 2$）においては，現在の入力データと類似性が高く，かつ期待される強化入力が大きいものを検索する (2). それが記憶された時点を K とする．$K = t - 1, \ldots, 1$ である．入力データの類似度検索では，次の式 3.12 で定義される最も単純な類似度を用いる．$Z(X_l, X_m)$ を 2 つの入力データ X_l と X_m との間の類似度とすると，

$$Z(X_l, X_m) = 1 - \left(\frac{|X_l - X_m|}{X_{\max}} \right)^{\eta} \tag{3.12}$$

ここで，$X_{\max}$ は「環境」変数の最大値である．具体的には，エージェント数となる．類似度の最大値は定義より明らかに 1 となる．η は，$0 < \eta \leq 1$ を満たす定数である．

現在の入力データと類似性が高く，かつ期待される強化入力が大きい記憶を検索するための尺度として，類似度とその記憶に割り当てられた強化入力の記

録値との積を用いる (2)．この考え方は，畝見 [69] と同様である．さて，検索に成功すれば，次のような手続きにしたがって行動を決定するものとしよう．

- ある確率 $1 - p_k$ で検索結果に基づいて行動を決定する (4)．
- ある確率 p_k で関数 SelectTheFewer( ) にしたがって行動を決定する (5)．

random( ) は, 0.0〜1.0 の乱数を発生させる関数とする (3)．p_k は, エージェントが気まぐれな行動をとる確率と考えることができる．関数 SelectTheFewer( ) は，次の手続きを実現するものとする．

- 過去の記憶を検索し，協調の経験数が裏切りの経験数を下回る場合，協調を選択する．
- 過去の記憶を検索し，裏切りの経験数が協調の経験数を下回る場合，裏切りを選択する．

一方，検索に失敗すれば，既知の出力データ集合 $\sum_a$ の中からランダムに選びだすことになる (6)．

以上が，学習アルゴリズムによるシミュレーション・モデルの基本アルゴリズムである．

3.4 学習アルゴリズムによるシミュレーションI

以後のシミュレーションは，断りがない限り，パラメータを表 3.1 のように設定して行った．

表 3.1: パラメータのデフォルト値

$\rho = 0.85$
$\eta = 0.1$
$p_k = 0.05$

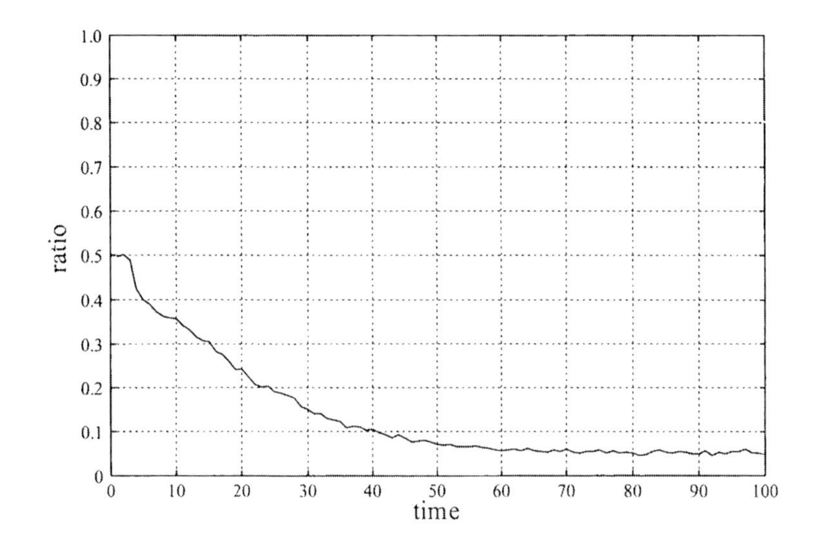

図 3.2: 協調率の変化I－平均値

3.4.1 協調率の変化I

図 3.2 は，100 回のシミュレーションを実行し，エージェントの協調率の平均を，図 3.3 には標準偏差をプロットしたものである．ここで，協調率とは 1 回のゲームについて「協調」を選択したエージェントの比率である．図からわかるように，シミュレーションでは以下の結果が得られた．

- 協調率の平均値はサイクルが進むにつれて低下し，10%以下に収束することが観察された．
- 標準偏差は，学習開始直後こそ大きな値をとるものの，シミュレーションが進むにつれて減少している．

まず，図 3.3 標準偏差はサイクルが進むにつれて小さくなっているので，学習は収束していることがわかる．これらのことから，エージェントが学習によって獲得した行動規則は，ほぼ全面的に「裏切り」を選択することであると

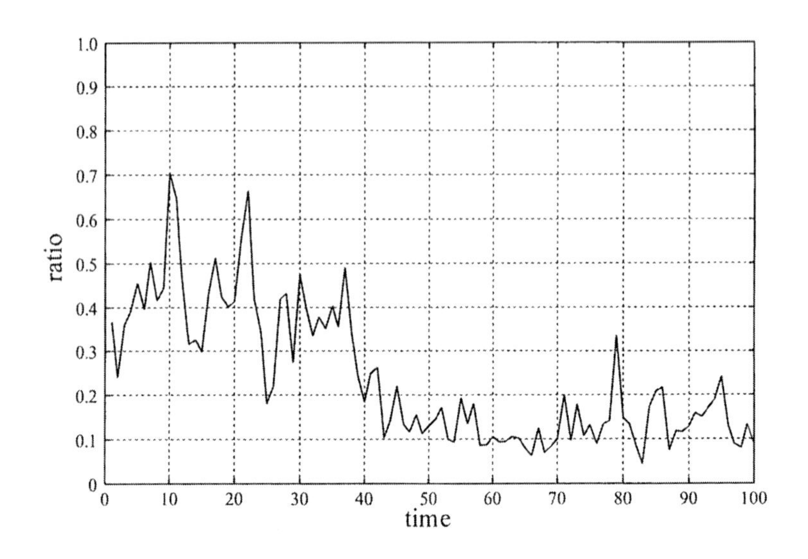

図 3.3: 協調率の変化 I －標準偏差

いうことができる．この結果は，ナッシュ均衡戦略による理論的な解析結果と同一と考えられる．また，前章で行った進化アルゴリズムによるシミュレーションの結果とも，内容的には同一と考えてよいだろう．

ここでの行動仮説は，過去の経験から彼の直面している環境と類似性の高いものを検索し，「協調」と「裏切り」のそれぞれの評価値の最大値を比較し，より高い評価値を持った行動を選択する，というものである．エージェントのとる行動を a,「協調」を選択した他のエージェントの数を h としたとき，ゲームの利得関数 $f(a, h)$ は常に，

$$f(D, h) > f(C, h) \tag{3.13}$$

を満たしている．したがって，エージェントが学習によって獲得したのは，式 3.13 で表される利得関数の構造であることがわかる．この点で，提案したアルゴリズムの探索能力は，この問題に対しては十分なものといえるだろう．

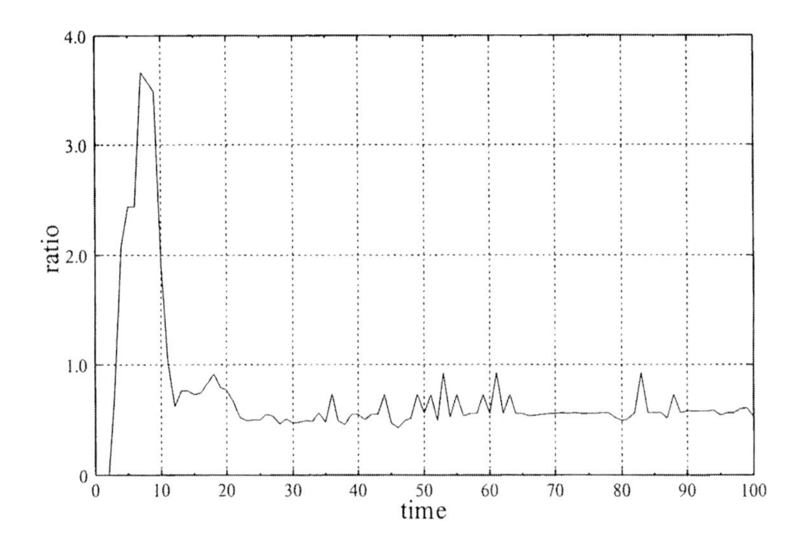

図 3.4: 各行動の評価値比の変化

3.4.2 行動決定の過程 I

図 3.4 は，ある 1 回のシミュレーションの各時点のゲームにおいて，「協調」の評価値と「裏切り」の評価値の比について，全エージェントの平均をプロットしたものである．ここで，ある行動の評価値とは，（ある時点にある行動によって得られた利得）×（その時点の環境との類似度 Z）である．先に示した行動仮説にしたがうならば，各エージェントは自分の行動の評価値について，（協調の評価値）÷（裏切りの評価値）が 1 を上回れば「協調」を選択し，下回れば「裏切り」を選択する．図 3.4 は，そのようなエージェントの行動決定過程の平均的な様子を表しているのである．

この図によると，評価値の比の平均値は，学習が進むにつれて 1 を下回る値に収束している．このことは，エージェントは，学習によって「裏切り」を選択することが有利であること，すなわち式 3.13 で表される利得関数の構造を獲得していることを，明らかにしている．

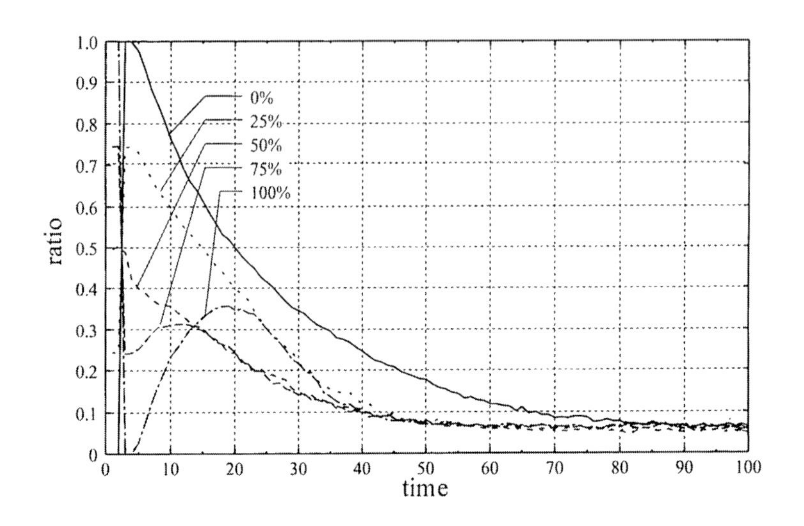

図3.5: 初期条件の変更による影響I

3.4.3　初期条件の変更による影響I

コンピュータ・シミュレーションは，得られた結果がパラメータの変化に対して頑強であるかどうかを問われることがある．そこで，次に，いくつかの主要なパラメータの変更によるシミュレーション結果への影響を調べてみることにしよう．

シミュレーションでは1サイクル目と2サイクル目のエージェントの行動はランダムに決定される．これはアルゴリズム上の要請である．選択すべき行動は「協調」／「裏切り」の2種類であるから，1，2サイクル目では確率50%で「協調」を選択するというのがデフォルトの初期条件である．

そこで，初期条件の変更による影響を調べるために，1，2サイクル目で「協調」を選択する確率について，0%，25%，50%（デフォルト値），75%，100%の5つのケースを設定し，シミュレーションを行った．図3.5は，それぞれのケースについて100回の試行を行い，そのデータから協調率の平均値を計算し

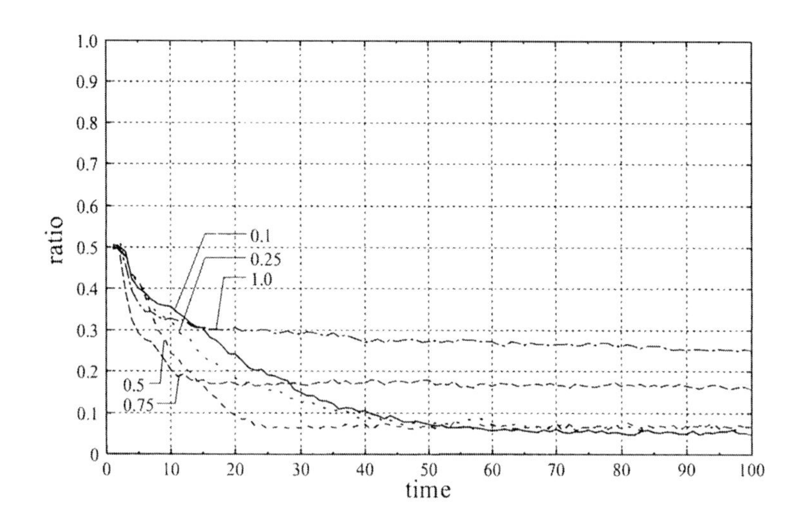

図 3.6: 類似度パラメータ変更による影響 I

てプロットしたものである.

この図によると，学習開始後 50 ステップ程度まで初期条件の違いによる影響が見られるが，それ以降は協調率がほぼ同一水準に収束する．このことから，本シミュレーションにおいては，初期条件変更の影響はほとんど無視してよいことがわかる.

3.4.4 類似度パラメータ変更による影響 I

次に，エージェントの環境認識器のパラメータ変化に対する影響を調べる.

エージェントの記憶中の環境データから，現在の環境と類似するものを検索する際に使用される，類似度指標 Z のパラメータ $\eta(0 < \eta \leq 1)$ について，0.1（デフォルト値），0.25，0.5，0.75，1.0 の 5 つのケースを設定し，シミュレーションを行った．図 3.6 はそれぞれのケースについて，100 回の試行を行い，協調率の平均値を計算してプロットしたものである．シミュレーション結果はおおむね次の 2 つのグループに分かれた.

- $\eta = 0.1, 0.25, 0.5$ のケース

  学習が進んだ段階での協調率の値はほぼ同一である．ただし，収束のスピードは，$\eta = 0.5$ のケースが最も速く，$\eta = 0.1, 0.25$ のケースは差がなかった．

- $\eta = 0.75, 1.0$ のケース

  学習が進んだ段階での協調率の値は，$\eta = 0.75$ のケースでは約 0.17，$\eta = 1.0$ のケースでは約 0.26 と他のケースよりも探索力が劣ることがわかった．

以上のことから，η は，おおむね 0.5 以下に設定してあれば，学習能力，シミュレーション結果への影響については，ともに問題はないと考えられる．

3.4.5 気まぐれ度の変更による影響 I

次にエージェントが気まぐれ行動を取る確率の差異による影響を，$p_k = 0.0$, 0.025, 0.05(デフォルト値), 0.075, 0.1 の 5 ケースについて調べた．図 3.7 はそれぞれのケースについて 100 回の試行を行い，協調率の平均値をプロットしたものである．これによると，協調率の変動の特徴から以下の 2 つのグループに分類できると思われる．

- $p_k = 0.025 \sim 0.1$ のケース

  p_k の値がこの範囲にあるケースでは，p_k の増加によって収束値が若干上昇していることが観察された．収束値と p_k の値がほぼ等しいことから，シミュレーション結果としては，概ね差はないと考えてよいだろう．すなわち p_k の変更は，エージェントの行動は基本的に全面「裏切り」を選択している，という結果には影響を与えていない．

- $p_k = 0.0$ のケース

  このケースでは，学習の初期段階において探索が停止し，ロック状態に陥っている．このことから，小さな確率で発生するエージェントの気まぐれ行動は，探索において重要な役割を果たしていることがわかる．

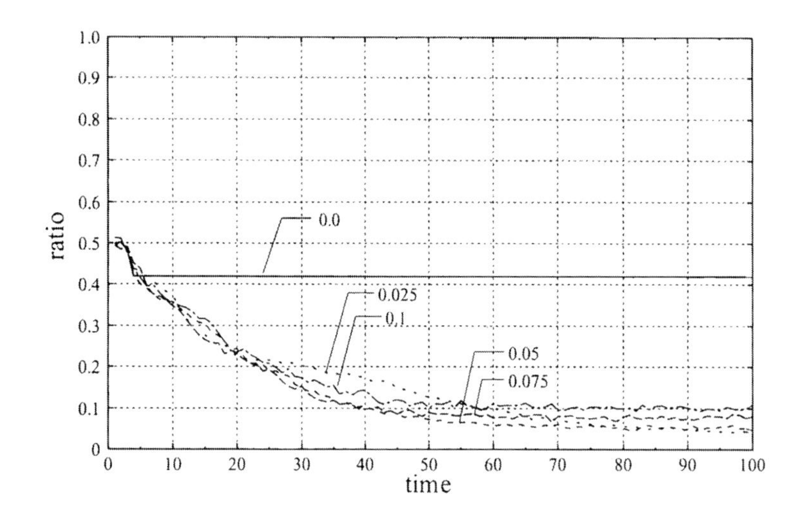

図 3.7: 気まぐれ度変更による影響 I

以上の結果から，次のことがいえる．すなわち，p_k の値にあまり大きな値を選択すると，その分収束値を上方へぶれさすため，問題がある．一方，ゼロでは探索能力が不十分となる．したがって，パラメータ p_k の設定としては，0.0 ではない 0.0 に近い小さな値を設定することが望ましいと考えられる．

3.4.6　利得関数のパラメータ変更による影響 I

利得関数のパラメータについて，表 3.2 にある 4 つのケースについてそれぞれ 100 回のシミュレーションを行った．デフォルト値は $K = 10, L = 4$ のケースである．case 1〜4 は，$K - L$ の値の大きさの差異によって特徴づけられる．全エージェント数を n，「協調」を選択したエージェント数を h とすると，「裏切り」と「協調」の利得差は，

$$
\begin{aligned}
&f(D,\ h) - f(C,\ h) \\
&= -(n-h)L - \{-K - (n-h-1)L\} = K - L
\end{aligned}
$$

表 3.2: 利得関数パラメータの設定値

case 1	$K = 5,\ L = 3$
case 2	$K = 10,\ L = 4$
case 3	$K = 25,\ L = 4$
case 4	$K = 50,\ L = 4$

であるから，$K - L$ の値はエージェントが「裏切り」行動を選択するインセンティブの強さを表していることになる．case 1〜4 は，「裏切り」行動を選択するインセンティブの強さがシミュレーション結果に影響を与えるかどうか調べるために設定した．なお，表 3.2 のパラメータは，いずれも利得関数の条件 $L \leq K \leq nL$ を満たしている．

図 3.8 は各ステップの協調率の平均値をプロットしたものである．この図から，若干ではあるが，case 2〜4 の方が協調率の収束値が低いことが観察される．表 3.2 に設定したように，「裏切り」を選択するインセンティブは，case 1 より case 2〜4 の方が強い．つまり，シミュレーション結果は，「裏切り」のインセンティブが強いほど，協調率の収束値が低くなることを示していると考えられる．すなわち，利得関数パラメータ変更による，「裏切り」へのインセンティブ変化が結果に影響を与えていることがわかる．このことは，アルゴリズムの学習能力としては，問題であるかもしれない．なぜなら，利得関数パラメータの値が条件を満たしている限り「裏切り」が「協調」を支配しているのであって，パラメータに変更があっても収束する協調率が影響を受けることは，最適解を探索するという観点からは望ましくないからである．

しかし，一方で，利得関数パラメータ変更によるこの結果は，経済学的に妥当な解釈が可能なものであって，経済行動を分析するという観点からは，必ずしも望ましくないとはいえない．本章での学習アルゴリズムは，最適値探索よりも，経済行動仮説として重点を置いて，提案している．その意味では，この結果は，興味深い結果ということができると思われる．

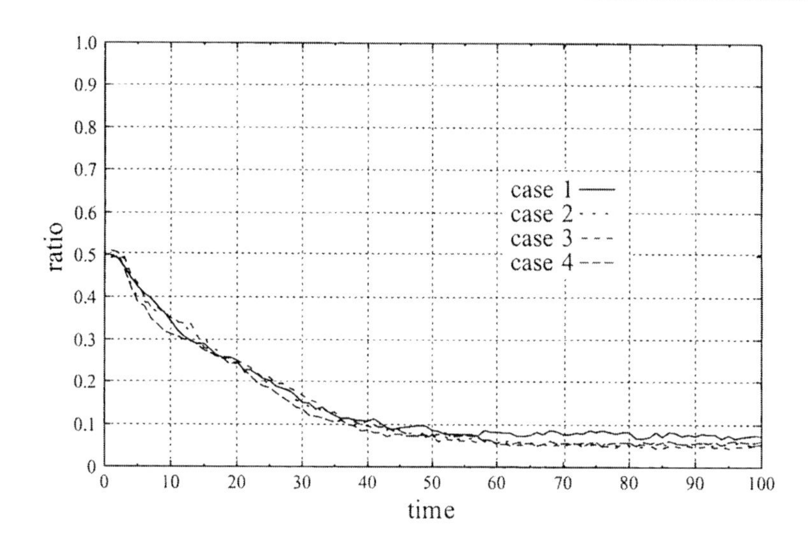

図 3.8: 利得関数のパラメータ変更による影響 I

3.5　シミュレーション II

3.5.1　行動決定ルールのアルゴリズム II

前節では，記憶中の各行動の評価値の最大値を行動決定に用いた．これを，行動決定ルール I ということにしよう．本節では，各行動の評価値の平均値の大きさによって行動決定するルールを新たに導入する．これを行動決定ルール II と呼ぶことにしよう．それぞれの行動決定ルールは，異なる合理的行動仮説を表している．行動決定ルール II のアルゴリズムは，Policy2( ) によって実現される．本節のシミュレーションでは，基本アルゴリズムの Policy1( ) を Policy2( ) に置き換えることになるが，その他は同一である．行動決定ルール II のアルゴリズムは，次のようになる．

```
function Policy2(InData): symbol
begin
  t ≤ 2 then Policy := RandomSelect(∑a);   ... (1)
  else begin
    if random( ) ≥ pk   ... (2)
    then Policy := DecideOutData(InData);   ... (3)
    else Policy := SelectTheFewer();   ... (4)
  end
end
```

最初の 2 サイクル ($t \leq 2$) は記憶の検索を行わず，出力データ集合 $\sum_a$ の中から関数 RandomSelect( ) によってランダムに出力データを選択する (1)．この手続きは，policy1( ) と同じである．

policy2( ) では，次のような手続きにしたがって行動を決定するものとする．

- ある確率 $1 - p_k$ で，関数 DecideOutData( ) によって，行動を決定する (3)．
- ある確率 p_k で関数 SelectTheFewer( ) にしたがって行動を決定する (4)．

関数 SelectTheFewer( ) は，行動決定ルール I と同じ動作をするものとする．p_k は，行動決定ルール I と同様に，エージェントが気まぐれな行動をとる確率と考えることができる．関数 DecideOutData( ) が，行動決定ルール II の中心的な手続きである．DecideOutData( ) のアルゴリズムは，以下のようになる．

```
function DecideOutData(InData): symbol
begin
  I := t − 1;
  ND := 0; NC := 0; VD:=0; VC:=0;   ... (1)
  while I ≥ 1 do   ... (2)
  begin
    if OutMem[I] = 'D'
    then begin VD := VD + Z(InMem[I], InData) · RifMem[I];
    ND := ND + 1; end
    else then begin VC := VC + Z(InMem[I], InData) · RifMem[I];
    NC := NC + 1; end
    I := I − 1;
```

```
  end
  if N_D = 0 or N_C = 0 then    ... (3)
  begin
    if N_D = 0 then Policy := 'D';
    else then Policy := 'C';
  end
  else then    ... (4)
  begin
    if V_D/N_D > V_C/N_C then Policy := 'D';    ... (5)
    else if V_D/N_D < V_C/N_C then Policy := 'C';    ... (6)
    else then Policy := RondomSelect(∑_a);    ... (7)
  end
end
```

過去に D を選択した回数のカウンタを N_D，C のカウンタを N_C，D の評価値合計を V_D，C の評価値合計を V_C とする．(1) は，これらの変数を初期化する手続きである．(2) は，記憶中から各行動の評価値の和と回数を計算する手続きである．各行動の評価値は，類似度とその記憶に割り当てられた強化入力値との積の平均値を用いる．

以後は，出力データ決定の中心的な手続きである．(3) は，いずれかの行動を一度も取ったことがない場合への対処である．もし，ある行動のカウンタがゼロの場合，その行動を出力データとする．それ以外の場合には，各行動の評価値の平均から出力データを決定する (4)．それは，以下の手続きから構成される．

- 各行動の評価値を計算し，大きい値を取る行動を出力データとする (5), (6).
- 両者が等しい場合は，出力集合 $\sum_a$ からランダムに行動を選択し，出力データとする．

以上が，行動決定ルール II のアルゴリズムである．

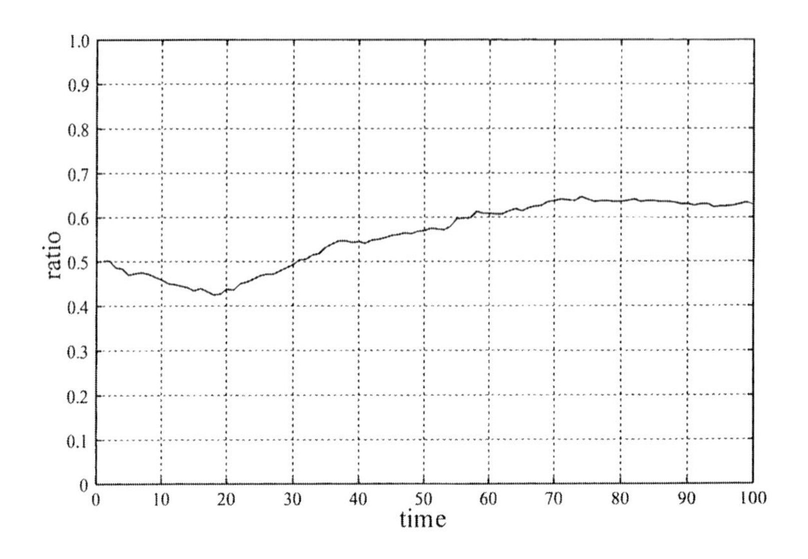

図 3.9: 協調率の変化 II －平均値

3.5.2　協調率の変化 II

行動決定ルール II を実装したプログラムによって 100 回のシミュレーションを行った．協調率について，図 3.9 は平均値を，図 3.10 標準偏差をプロットしたものである．シミュレーションの結果を整理すると次のようになるだろう．

- 協調率の平均値は学習が進むにつれて上昇し，50〜60%の範囲の値を推移することが観察された．各行動の評価値の最大値によって意思決定するルール（行動決定ルール I）を採用したケースでは，協調率はゼロに近い低い水準に収束したのに対して，各行動の評価値の平均値によって意思決定するルール（行動決定ルール II）を採用した場合は，システム全体の効率性―協調率の水準は平均的には上昇することがわかった．
- 標準偏差は学習が進んでも減少せず，減少・増加を繰り返している．

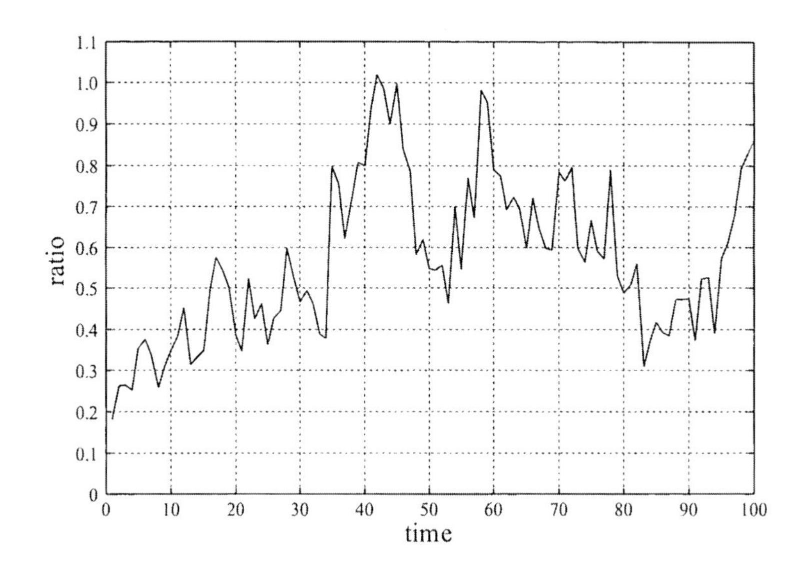

図 3.10: 協調率の変化 II －標準偏差

これらのことから，協調率の平均値そのものは行動ルール I に対して比較的高い水準を維持することができるが，学習過程において協調率が大きな変動を繰り返していることを予想させる．これらについては，次項で引き続き考察する．

3.5.3　行動決定の過程 II

図 3.11 は，ある 1 回のシミュレーションの協調率の変化を，図 3.12 は（協調の評価値の平均値）÷（裏切りの評価値の平均値）の値について，全エージェントの平均を計算してプロットしたものである．

図 3.11 によれば，協調率は 60〜70%の水準で変動し，そこから急激に低下し，しばらくの期間低位に留まってそれが継続し，340 ステップ前後での急激な低下の後に，反転し急激に上昇している．図 3.9 で，協調率の平均値は比較的高い水準を維持しているものの，図 3.10 にみられるように標準偏差が収束

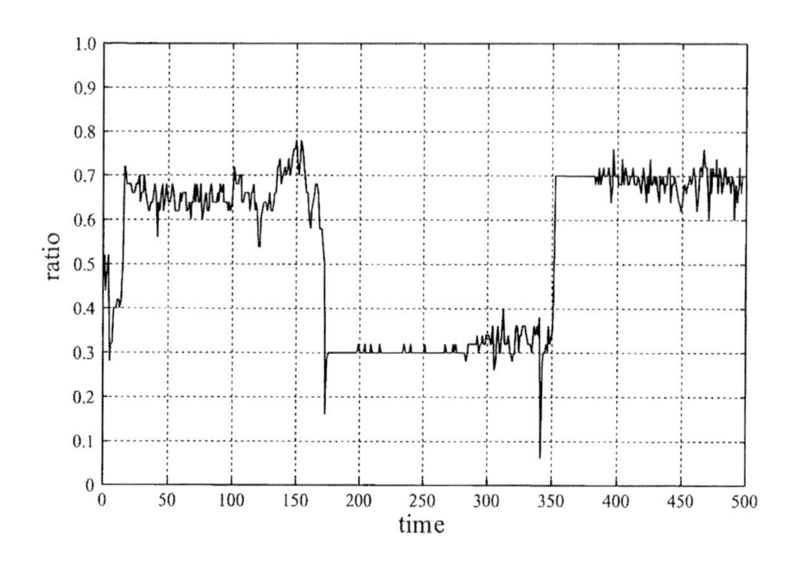

図 3.11: 協調率の変化の一例

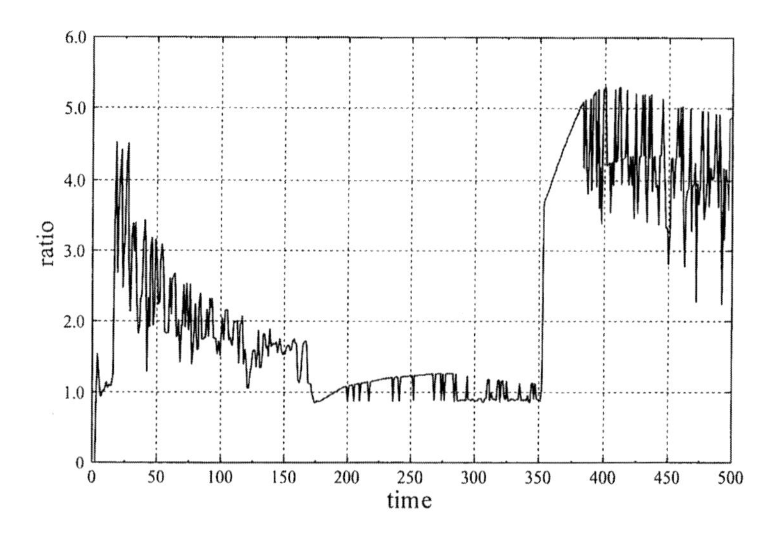

図 3.12: 各行動の評価値比変化の一例

しないのは，同様の過程を繰り返しているからであると考えられる．

次に，図 3.11 に示されている協調率の変動の背景にある，エージェント行動に焦点をあてて考察してみよう．図 3.11 にみられる現象は，3 つのフェーズに分けることができる．シミュレーション開始から約 175 ステップまでが第 1 フェーズ，その後，175 ステップから 350 ステップまでが第 2 フェーズ，350 ステップから終了までが第 3 フェーズである．図 3.11 と図 3.12 を照らし合わせることで次のようなことがわかる．

- シミュレーション開始から約 175 ステップまでの第 1 フェーズにおいて，各行動の評価値の平均の比は，学習が進むにつれて低下し，1.0 を下回わる．この段階は，図 3.11 おいて協調率が急激に低下する現象と対応している．
- 175 ステップから 350 ステップまでの第 2 フェーズでは，評価値の比は 1.0 前後を変動している．これは，図 3.11 において，協調率が低い水準にとどまっている現象と対応している．
- 評価値の比は，1.0 前後でしばらくの間変動した後，350 ステップから終了までの第 3 フェーズにおいて，急激に上昇している．これは，図 3.11 で，急激に協調率が上昇している現象と対応している．

以上をまとめると次のような理解が得られる．すなわち，行動決定ルール II は，協調率が比較的高い水準にある状態において「裏切り」を選択することが優位であることが学習される（第 1 フェーズ）．いったん協調率が低い水準に陥ると（第 2 フェーズ），こんどは自律的に協調率を増加させる方向へ転じる（第 3 フェーズ），という振舞いをすることがわかった．第 3 フェーズにおいて，協調率が上昇に転じるのは，過去の記憶から計算される行動の評価値が，それまでの低い協調率の継続によって，「協調」の方が相対的に高くなってしまっているからである．行動決定ルール II では，これらのフェーズを繰り返しているものと考えられる．

これらは，いずれも協調率の変動をエージェントの行動レベルで説明するものである．すなわち，図 3.9，3.10 にみられるような「協調率の平均値は比較

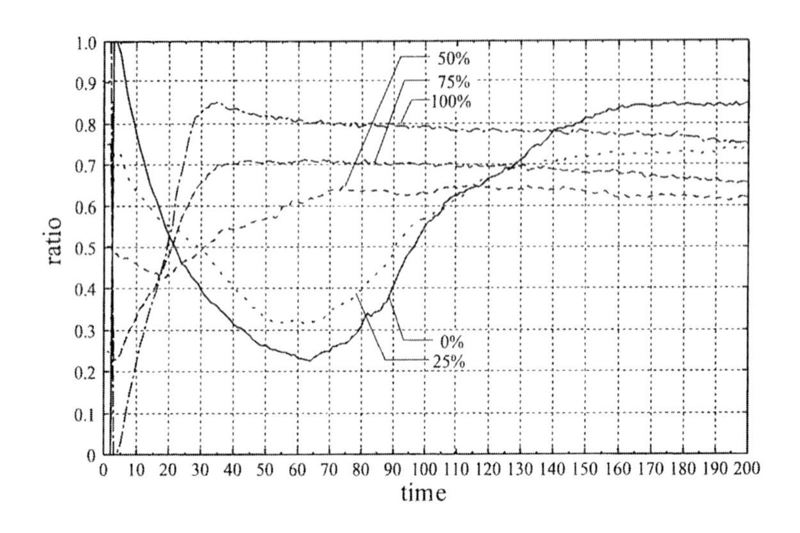

図 3.13: 初期条件の変更による影響 II

的高い水準を維持するが，個々のシミュレーションの過程においては変動が激しい」というマクロ・レベルの現象を，ミクロ的側面から説明しているといえるだろう．

3.5.4 初期条件の変更による影響 II

行動変更ルール II についても，パラメータ変更による結果への影響を調べてみる．まず，初期条件を，0%，25%，50%（デフォルト値），75%，100% についてシミュレーションを行った．図 3.13 は，それぞれの初期条件について 100 回の試行の協調率の平均値をプロットしたものである．

学習開始後 100 ステップ程度まで初期条件の差異による影響が見られるが，それ以降は協調率は，0.6〜0.8 の範囲に収束している．初期値の変更による収束値のばらつきについては，次のことがわかる．シミュレーション初期に低い協調率を経験した場合は，その後比較的高い協調率を維持している．逆に，初期に高い協調率を経験した場合は，比較的低い協調率にとどまる．このことか

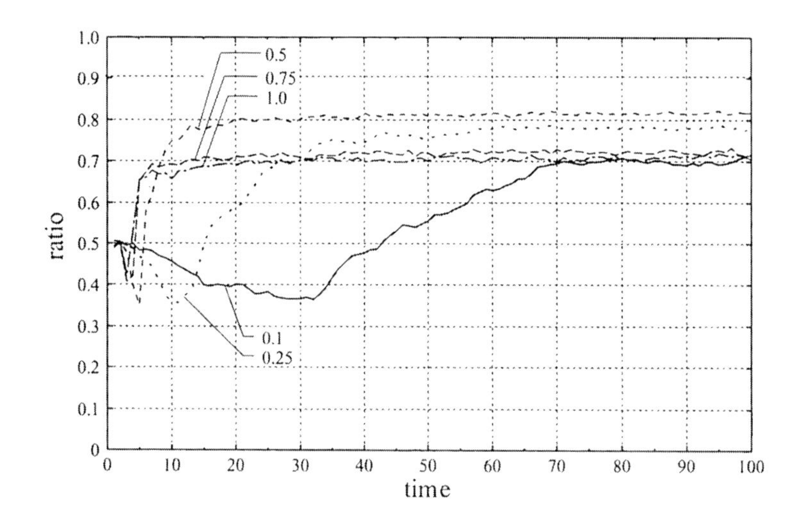

図 3.14: 類似度パラメータ変更による影響 II

ら，初期条件の差異によるシミュレーション結果への大きな影響はないといえるが，エージェントの経験に差異によって協調率変動の軌道と水準が異なることがわかった．

3.5.5 類似度パラメータ変更による影響 II

エージェントの記憶中の環境データから，現在の環境と類似するものを検索する際のパラメータ $\eta(0 < \eta \leq 1)$ について，0.1（デフォルト値），0.25，0.5，0.75，1.0 の 5 つのケースを設定し，シミュレーションを行った．図 3.14 はそれぞれのケースについて，100 回の試行を行い，協調率の平均値を計算してプロットしたものである．パラメータの値による，シミュレーション結果への影響は，次のようにまとめることができる．

- η の値によって，収束値には若干の差が見られたが，おおむね 0.7〜0.8 の範囲に入っている．

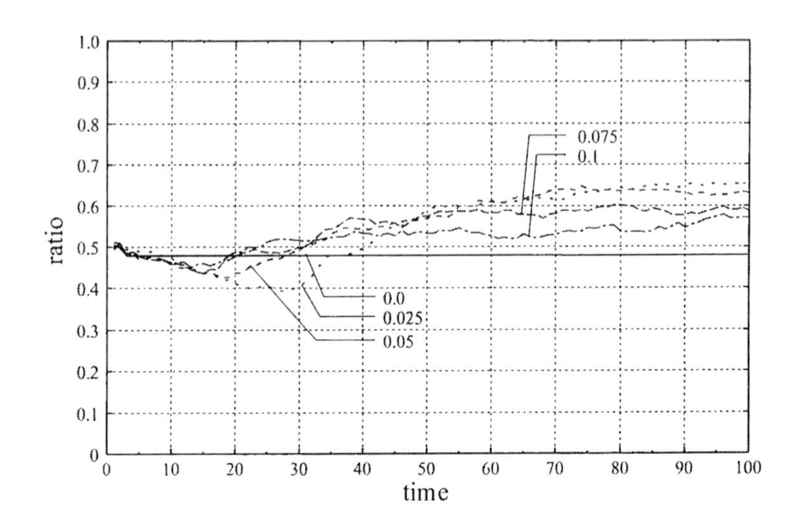

図 3.15: 気まぐれ度変更による影響 II

- η の値によって，収束のスピードが異なる．η の値が小さいほど収束は遅い．

以上より，行動決定ルール II では，η の値によって，シミュレーション結果へ特に大きな影響は与えないことがわかった．

3.5.6 気まぐれ度の変更による影響 II

エージェントが気まぐれ行動を取る確率 p_k の値の差異による影響を，0.0, 0.025, 0.05（デフォルト値），0.075, 0.1 の 5 ケースについて調べた．図 3.15 はそれぞれのケースについて 100 回の試行を行い，協調率の平均値をプロットしたものである．結果への影響は，p_k の値によって，次の 2 つのグループに分けることができる．

- 0.025〜0.1 のケース

 これらのケースについては結果に大きな差は見られなかったが，p_k の

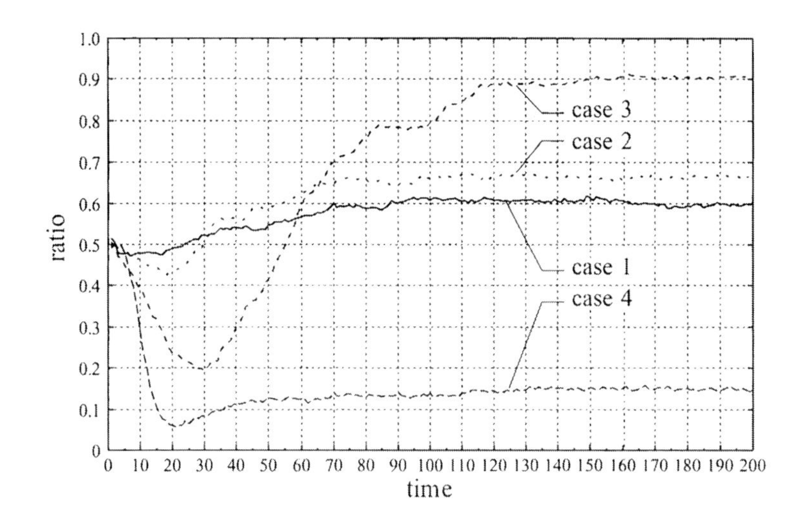

図 3.16: 利得関数のパラメータ変更による影響 II

増加によって収束値が若干低下している．すなわち，p_k の増加が収束結果を下方にぶれさせることがわかる．

- $p_k = 0.0$ のケース

  このケースでは学習の初期段階において探索が停止し，ロック状態に陥っている．p_k は，小さな確率ではあるが，探索において重要な役割を果たしていることがわかる．

以上より，p_k については，0.0 ではない 0.0 に近い小さな値に設定すれば，問題はないと考えられる．

3.5.7 利得関数のパラメータ変更による影響 II

利得関数のパラメータの変更の影響について調べた．各ケースは，行動決定ルール I によるシミュレーションの際に設定した表 3.2 にしたがう．図 3.16 より，協調率の平均値の振舞いは，case 1，2 と，case 3，case 4 の 3 つに分けられる.

- case 1, 2

  これらのケースにおいては, 協調率はおおよそ0.6〜0.7の範囲に収束している. これは, 行動決定ルールIIによる標準的な振舞いといえる.

- case 3

  協調率は, 急激に低下した後, 自律反転して上昇し, 高い協調率に収束している.

- case 4

  協調率は, 急激に低下し, その後case 3のように自律反転することなく, 低い水準に収束している.

利得関数のパラメータである$K-L$の値は「裏切り」行動を選択するインセンティブの強さを表す指標である. この値が大きくにつれて, エージェント集団がシミュレーション開始初期において低い協調率を経験するのは, そのためであると考えられる. しかし, case 3にみられるように, $K-L$がある範囲内の値をとるならば, シミュレーション開始初期の協調率低下後, 自律反転することが可能であることが観察された. これは, 前にみたように, 行動決定ルールIIに特徴的な現象である. しかしながら, case 4が示すように, $K-L$がある水準を超えると, もはや自律反転することはできなくなる. これは, 次のように解釈できると思われる. すなわち, 1回のゲームの「裏切り」と「協調」の利得差がほどほどであるなら, 過去の経験の平均的な利得を考慮した結果, 変動を繰り返しつつも, 「協調」を選択した方が有利であるとの判断が学習によって優勢となっていく. しかしながら, 「裏切り」と「協調」の利得差があまりに大きくなり過ぎると, もはや「協調」を選ぶことは有利ではなくなる. case 3とcase 4は, それらのちょうど臨界的な2つの状況が現れたものと理解することができるのである.

3.6 考察

ここでは，提案した学習アルゴリズム（以下，単に，学習アルゴリズムという）とGAを比較しながら考察する．まず，学習アルゴリズムの基本型である行動決定ルールIを適用したシミュレーションと，前章で行ったGAによるシミュレーションを比較しながら考察を行おう．

3.6.1 合理的戦略の探索手法としての比較

学習アルゴリズムによるゲームの解としては，ほとんどのエージェントが「裏切り」を続ける行動規則を獲得するということが示された．これは，ナッシュ均衡戦略による解析的な解，前章でのGAによるシミュレーションと同様の結果である．この点で，学習アルゴリズムは，この問題に対して十分な探索力があることが示されたといえるだろう．さらに，学習アルゴリズムのパラメータに対する頑強性を調べた．それによれば，ほとんどのパラメータについて，シミュレーション結果に対する頑強性は問題のない水準にあることが確認された．

しかし，学習アルゴリズムの合理的戦略探索について，性能が確認されたのはコモンズ・ゲームにおいてだけであることに注意すべきである．他の問題について，この学習アルゴリズムを適用した場合にどのような結果を得るかは，解明されているわけではない．だが，そもそもここで提案した学習アルゴリズムは，合理的戦略探索のアルゴリズムを意図して提案したのではない．経済仮説として，コモンズ・ゲームにおける経済行動の計算理論として提案したのである．その意味でも，学習アルゴリズムは，十分な探索性能が得られているといってよいだろう．

3.6.2 経済仮説としての比較

次に，経済仮説という観点から2つのアルゴリズムを比較，考察してみよう．

3.6.2.1 乱数による処理の扱い

GA の強力な探索力は，交叉や突然変異といった乱数を導入した処理の扱いにポイントがある．前章で論じたように，この点で，合理的戦略探索の手法としては問題ないが，その反面，経済過程のシミュレーションに適用する場合に留意を必要とすることがある．それは，事後的なシミュレーション過程の経済学的な解釈を困難にすることである．

学習アルゴリズムにおいても，乱数を導入している．確率 p_k で発生する，いわゆる，「気まぐれ行動」である．パラメータの変更の影響分析において示されたように，p_k がゼロの場合はシミュレーション初期段階でロックしてしまい，十分な探索ができなくなった．0.05 程度の小さな値であっても，確率 p_k による「気まぐれ行動」を導入することで，十分な探索が可能となっている．学習アルゴリズムにおいても，GA と同様に，乱数が十分な探策力を得るために重要な役割を果たしているのである．

一方，GA との違いは，乱数の導入によって，事後的にシミュレーション過程の経済的な解釈を困難にしないことである．これは，本章後半の分析をみれば明らかだろう．学習アルゴリズムにおける乱数は，あくまでアルゴリズムの補助的な位置にあるため，事後的な解釈を可能としているのである．さらに，エージェントの「きまぐれ」という，人間行動としての意味付けが可能な手続きとなっている．この点は，GA における乱数による処理と異なるところである．

3.6.2.2 経済行動仮説としての比較

前章で述べたように，GA における選択，交叉，突然変異は，それぞれ経済過程としての解釈は可能である．これらの遺伝的操作において，学習アルゴリズムとの比較で重要なのは，選択淘汰の手続きである．

「選択」手続きは，より高い適応度を持つ戦略がより高い確率で生き残らせる操作である．これは，経済における競争的状況をモデル化したものと解釈することができる．この手続きにおいて重要なことは，エージェントが得た利得の集団の中での相対的な大きさによって，戦略の優劣を決定しているということである．つまり，GA では，各経済主体の相対的な優位度によって参入・退出が決定されるのである．あるいは，相対利得の差という外的な基準によって戦略の優位度が決定されている，といういいかたもできるだろう．これに対し，学習アルゴリズムでは，エージェントは自らのもつ内的な基準によって行動決定する．経験を蓄積し，記憶された自らの経験内で取りうる行動の比較・評価を行い，試行錯誤によってより望ましい「状態—行動」の写像を得る．そして，それをもとに行動を決定するというロジックである．

相対的な基準によって戦略の優位度が決定されるのか，それとも経済主体の内的基準によって戦略が決定されるのか．本書でとられたようなアプローチによって経済過程のシミュレーション分析を行う者にとっては，少なくともこの点に意識的である必要があるだろう．これは，いずれかに甲乙をつける問題ではない．いずれも，経済行動仮説の 1 つに過ぎないからである．どちらの考え方を適用するかは，分析する対象に依存する問題といえるかもしれない．重要なのは，行動仮説の違いによってマクロな現象にどのような影響を与えるかを明らかにすることである．

3.6.2.3 経験・記憶の取り扱いについて

学習アルゴリズムと GA との差異で重要と思われるのは，経験の蓄積のロジックを明示的に組み込んだことである．

前章でみたように，GA 手続きを経済進化過程として解釈することが可能ではある．しかしながら，GA では，知識や経験の蓄積や継承といった経済進化過程においては重要な要素の扱いが不明確である．経済進化といっても，GA 自体が遺伝子レベルでの生物進化を模したものであって，蓄積された経験や知識の継承というロジックは，明示的に考慮されているわけではない．このことは，特に長期にわたる経済システムの進化・歴史を分析する手法としては，検討すべき課題であると考えられる．

それに対して，本章で提案した学習アルゴリズムには，知識・経験の蓄積のロジックを組み込んでいる．しかし，それは，「知識・経験の蓄積とその活用」に留まっており，継承の問題は扱っていない．蓄積された知識・経験の継承を扱うには，少なくとも，異なる集団や世代の相互作用をモデルに導入する必要があるだろう．知識や経験の継承は，それら集団や世代間で行われるからである．学習アルゴリズムを拡張することによって，蓄積された知識・経験の継承といった現象が扱えるのかどうか．それは非常に興味深い問題であり，今後の課題である．

3.6.3 2つの行動決定ルールについて

次に，学習アルゴリズムにおいて採用した，行動決定ルールＩとルールIIの比較，考察を行う．

3.6.3.1 アルゴリズムとして

2つの行動決定アルゴリズムの違いは，経験によって蓄積された記憶を，情報としてどのように評価し，活用するか，その方法によるものである．

前にも触れたが，山村ら[60]は，強化学習のアプローチを，望まれるアルゴリズムの性能から分類して，「環境」同定型と経験強化型があることを論じている．「環境」同定型とは，結果としてなるべく大きい報酬を得るという性能を重視したアプローチである．それに対して，経験強化型とは，学習途中でもなるべく大きい報酬を獲得し続けるという性能を重視したアプローチである．

これによれば，行動決定ルールＩ（以下，単に，ルールＩとする）は，「環境」同定型アルゴリズムとして位置づけることができるように思われる．コモンズ・ゲームでは，結果としてなるべく大きい報酬を得るには，「裏切り」を選択せざるを得ない構造をもっている．ルールＩは，利得関数の構造を同定することによって，「裏切り」を選択する行動規則を獲得したことは，シミュレーションで示した．

これに対して，行動決定ルールII（以下，単に，ルールIIとする）は，ルールIとの比較という観点からは，経験強化型と位置づけることができるかもしれない．というのは，ルールIIは，やや不安定ではあるが，ルールIよりも高い協調率を達成している．つまり，長期的にみて，ルールIIはルールIより高い利得水準を得ているのであり，継続的に大きな報酬を得るという意味ではルールIIの方が優れているからである．ただし，$K-L$の値がある水準を超えると，ルールIと同様な結果を得ることは前にみた．

いずれのアプローチが適するのかは，問題の構造に依存することであろう．経済分析においては，両者のアプローチをともに適用し，比較考察していくことによって，経済過程の理解を深めることがこそが必要である．シミュレーションでは，「環境」同定型学習行動と，経験強化型学習行動とに，それぞれ異なるマクロ現象を生成することが観察され，ミクロの行動仮説との関連を考察した．

3.6.3.2 経済行動仮説として

上に述べた，強化学習における2つのアプローチは，経済学的観点からは，短期的な効率性を重視するアプローチ，長期的な効率性を重視するアプローチとして位置づけることができると考えられる．

短期的な効率性を重視する場合，1回のゲームにおいてどちらの行動がより高い利得を得るかについての知識を獲得すればよい．ルールIは，まさにそのための知識を獲得してる．他方，長期的な効率性を重視するには，継続されるゲームにおいて平均的に高い利得を得るように行動を決定しなくてはならない．この考え方は，ルールIIとして実装されたロジックそのものである．ルールIIは，過程において，協調率が低下することもあるが，「全員裏切り」という状態へ陥ることはなかった．このシミュレーション結果は，どのように評価すべきだろうか．パレートの意味で効率性を改善する余地があるため，最適な状態とはいえない．協調率がある程度低位の水準に停留した後，自律的に上昇するという現象は，「裏切り」の増加が記憶中の「協調」を選択することのメリットを呼び覚ますことによって生じているということができるだろう．その意味で，ルールIIは「全員裏切り」に収束することを回避する安全弁のような役割を担っている．すなわち，ルールIIのシミュレーション結果は，最適とはいえないものの，社会として健全な状態にあるということができるのではないか．重要なことは，長期的な利得を重要視する行動決定ルールがそのような帰結を導いたということである．ルールIの刹那的な行動ルールでは，そのようなことは生じていない．

ところで，ルールIとルールIIで，すべての行動決定規則を網羅しているわけではない．経験によって得られた記憶を情報としてどのように評価し，活用するか．その方法は，さまざまなものがあるだろう[15]．そのうちの単純ないくつかによって構成したのが，ルールIであり，ルールIIなのである．つまり，ルールIもルールIIも，学習アルゴリズムの1つのバリエーションに過ぎないのである．記憶情報の処理の仕方によって，さまざまなアルゴリズム＝経済行動仮説を構成することが可能であろう．その作業は，とりもなおさず，経済システムにおける人間行動，ひいては人間という存在そのものを，さらにそれらの相互作用によって織りなされる社会を見つめ直す作業に他ならない．

[15] 例えば，本章の第3.2節を参照．

第4章

制度としてのコモンズ

4.1 環境保全制度としての資源利用・所有レジーム

コモンズ・ゲームにおいて，協調率をある水準以上に保つ手段として，エージェントの行動を規制，あるいは誘導するような「しくみ」が考えられる．本章では，そのような「しくみ」のうちのいくつかについて検討する．

いくつかの「しくみ」の集まりは，制度と呼ぶことができるかもしれない．コモンズ＝共有地とは，本来，資源の所有や利用の形態を意味する言葉である．Bromley [11] によると資源の所有・利用形態は，私的資産 (private property)，公共の資産 (state property)，オープン・アクセスな資源 (non-property, or open-access)，コミューナルな資源 (common property) の4つに分類することができるという．ここでの「資源」という言葉は，資源の物質としての種類や性質ではなく，資源利用のレジーム（体制，制度）を意味している．以下では，この4つの資源利用レジームについて整理する．

4.1.1 私的資産 (private property)

私的資産レジームでは，私的個人が資源の所有権を保有し，所有者による資源の排他的利用が保証される．資源の管理は所有権を保有する個人が行うことになる.

私的意思決定者が資源の排他的権利を有する場合において，経済効率的な利用が実現するためにはいくつかの前提を必要とする．例えば，意思決定者が資源に関する完全な情報を持っていること，資源が分割可能であって，移動可能性が保証されていること，資源利用について外部性が存在しないことなどが，その前提としてあげられる．いわゆる完全競争的な状況の想定である．当該資源について，完全競争的な状況に直面する合理的個人は，結果として効率的な資源利用を行うことになる．しかしながら，このような前提が仮に成立したとしても，私的所有では問題が解決されない可能性が存在するのである.

例えば，資源の所有者が短期的な利益を確保することを重視するならば，短期間に資源を利用し尽くすであろう．理論的には，所有者の主観的な割引率が大きい場合である．そのような場合，短期間に私有する資源を利用し尽くすことが所有者にとって効率的な利用となる可能性が高い．私有される資源が枯渇性資源ならば，壊滅的な事態を招くだろう．再生可能性資源の場合であれば，資源の時間成長率 (the time rate of growth of the resource) が，個人の時間選好率 (the rate of time preference) を上回らない限り，資源の私有化は資源の枯渇を招くことになるだろう．いずれの場合も，資源を所有する個人にとって，それが効率的なのである.

私的個人としての効率的な利用と社会的に効率的な利用とが一致するのは，資源の私的所有者にとって持続的な利用を行うことがより大きな便益をもたらすという場合であろう．重要なのは，私的資産レジームの導入によって，資源を保有する個人に対してそのような賢明な利用へのインセンティブが与えられるかどうかである．残念ながら，私的資産レジーム自体は，このことを一般的には保証しない．したがって，単に資源を私有化すれば，たとえ市場メカニズムが完全に機能したとしても，問題の解決がはかられるという結論を導くことは困難である．さらに，大気など，そもそも私有が不可能な環境資源が存在する．そのような環境資源の管理には，私的資産レジームを導入すること自体不可能である.

私的資産レジームによって問題を解決するには，環境資源の特質，所有者の資源に対する選好，それをとりまく社会的な条件などを合わせて検討する必要がある．その上で，資源を保有する個人に対して賢明な利用のインセンティブを与える制度と併用することが，どうしても必要となるだろう．

4.1.2 公共の資産 (state property)

公共の資産レジームでは，国家，あるいは地方政府が資源の所有権を保有し，その管理にあたる．例としては，国有林や国立公園などがあげられるだろう．個人がこれらの資源を利用するには，国家，あるいは地方政府の許可が必要となる．資源の所有権を国家，あるいは地方政府が保有することの経済学的な根拠は，環境資源は公共財としての性質を持つ財ということにある．公共財は，私的所有を前提とした市場メカニズムによる配分では，資源の枯渇などの資源管理問題が生じる可能性が高い．そういった問題を回避できるということが，国家や地方政府が保有，管理することの根拠となっている．

公共の資産レジームによって環境資源管理を成功させるには，政治的意思決定プロセスが十分に機能することが必要である．それには，政府が資源の適切な利用についての知識を保有していることが，まず必要条件となるだろう．その上で，資源に関する情報をもとに，利用管理について社会的に効率的な意思決定をすることができるかどうかが重要な点である．しかし，現実には，意思決定主体としての国家，地方政府のパフォーマンスは，環境政策に限ってたとしても良好とはいえないのではないだろうか．国有林の管理，ダムや河口堰といった公共事業の意思決定などにおいて，必ずしも成功したとはいえない事例は，数多く報告されている．

これらは，公共の資産レジームという所有形態自体の問題というよりも，むしろそれを運営する組織のパフォーマンスの問題であるといえる．公共資産レジームの導入によって，資源管理問題を解決するには，資産を管理運営する組織について検討することが必要となるだろう．

4.1.3 オープン・アクセスな資源 (non-property)

オープン・アクセスな資源は，その所有，利用について排除的な性質を持たない．誰の利用も妨げないという意味で，オープン・アクセスな資源は自由財の概念に近いとされている．

第1章では，「コモンズの悲劇」を「ある村の誰にでも開かれた牧場とそこで家畜を飼育する人々」を例にとって説明した．この牧場は「誰にでも開かれた」，すなわち，誰の利用に対しても障害が存在しないと設定されていた．そして，村の家畜の所有者たちは，この共有の牧場で家畜を飼う．それによって，1人1人の所有者は家畜を売ることによって得ることができる自己の利得をより大きくしようと考えている，という設定である．ここには，牧場の利用に関しては，たしかに資源の制約を除いて妨げるものはないという想定をしているように思われる．

その一方で，その所有形態に注目すると，「コモンズの悲劇」の寓話では，資源である村の牧場は共同所有という形態を想定していると考えられる．こうなると，「コモンズの悲劇」のコモンズは，村の共同所有という所有形態をもちながら，利用については制約がないというレジームであることになってしまう．その意味で，「コモンズの悲劇」のコモンズは，Bromley [11] による所有・利用形態のうち，オープン・アクセスな資源 (non-property) に近い特徴をもつということができるかもしれない．オープン・アクセスなレジームでは，「コモンズの悲劇」の寓話が教えるように，資源は枯渇する可能性が高いといえるだろう．

その利用形態をとらえて，ハーディン [19] の「コモンズの悲劇」における「コモンズ」は資源利用のレジームの分類における「コモンズ」，すなわち，コミューナルな資源 (common property) にはあてはまらないのではないかという指摘は少なくない[1]．その批判の根拠の多くは，資源が共同所有である場合，

[1] 例えば，鬼頭 [33, pp. 152—3]．

現実には何らかの利用規則によって運営されているというものである．資源の共有とは，そのような所有・利用の形態全体を指すのであって，そこでは，「コモンズの悲劇」で描かれたような「資源の利用を妨げるものはなにもない」という状況は考えられないと指摘している．たしかに，過去に存在した「コモンズ」のフィールド調査によると，長期間維持されたコモンズには利用形態を含めさまざまなルールが設定されていたと報告されている[2]．

4.1.4　コミューナルな資源 (common property)

コミューナルな資源レジームでは，資源を利用するメンバーの共有という形態をとる．このレジームは，所有形態として資源の非所有者を排除するという意味で私的資産レジームと類似した特徴を持ち，資源の利用形態については，何らかのルールによって運営されているという公共の資産レジームに類似した特徴を持っている．Ostrom [49] は，フィールド調査によって，長期的に持続したコミューナルな資源レジームでは，資源の利用が一定の集団に限られ，その資源の管理・利用について集団のなかである規律が定められることによって，利用にともなう種々の権利・義務関係が設定されていると報告している．

コミューナルな資源レジームはさまざまな国に存在しており，持続的な資源管理に成功した例も数多く報告されている．しかしながら，その多くは近世以降の近代化の過程で消滅していった．わが国の事例についてその過程を検討したものとして，例えば，千葉 [12] がある．千葉 [12] によると，近世以降の商品経済の発展が地域の農村生活を窮乏させ，その結果，貧困な農民が共有財産である入会林地から掠奪的な採取を行うことによって植生を破壊していったということである．その過程において，資源の共同所有という形態が管理責任を曖昧にし，入会林地からの掠奪的な採取を促すはたらきをしたと述べている．つまり，ここでは，共同所有という形態は，資源の持続的利用に対して負の作用をもたらしたという理解である．

---

[2] 例えば，Ostrom [49] がある．

近代化の過程で伝統的な共同体が崩壊するとともに，資源の管理・利用に関する規則や運営組織もまた崩壊していったと考えられる．わが国の近世入会林地が崩壊していく過程において，レジームが機能不全に陥り植生破壊を招いたのは，所有形態の問題もさることながら，所有形態と密接な関係にあった管理運営の規則や組織が崩壊してしまったことも原因ではないかと思われる．

環境保全制度として資源所有レジームを検討するという観点からは，コミューナルな資源レジームの消滅が，その所有形態を原因としているのかどうかに関心がもたれる．しかしながら，この点を明らかにするには，理論・実証両面からの多くの研究を待たねばならないだろう．

4.1.5 長期的に持続したコモンズの持つ制度的特徴

前節では，4つの資源所有・利用レジームを環境保全制度としての観点から検討した．いずれのレジームにおいても，資源の長期的な利用を可能にするには，利用規則とそれを運営する組織が重要な要素であると考えられる．長期的に持続したコモンズの持つレジームとしての特徴を検討したものに，Ostrom [49] や，茂木 [43] がある．Ostrom [49] はいくつかのフィールド・ワークの結果をもとに，コモンズの長期的持続可能性の条件を次のようにあげている[3]．

1. コモンズの境界の明瞭性

   コモンズ自体の境界だけでなく，コモンズを利用できる個人あるいは家計が，はっきりと定義できること．

2. コモンズの利用ルールと用役ルールあるいは地域的条件との調和

   時間，場所，技術や数量を定めた利用ルール (appropriation rules) と労働，原材料等の提供等を定めた管理ルール (provision rules) や地域の条件 (local condtions) とが相互に関連しており，コモンズの保護に寄与していること．

[3] 以下，日本語訳は浅子・國則 [4, p. 85, 表 3] による．

3. 集合的な選択の取り決め

 運営ルール (operational rules) によって影響を受ける個々人は，その運営ルールの変更に参加することができること．

4. モニタリングの必要性

 コモンズの状態あるいはその利用者の行動を積極的にモニタリングする．

5. 段階化された制裁 (guraduated sanctions)

 コモンズの運営ルールに違背したものに対して課される制裁は違背の程度に応じてなされていること．制裁を加える者は，違背者の個人的状況や過剰な制裁から生ずる潜在的な障害を熟知していること．

6. コンフリクトを調整するメカニズム

 利用者間での利害の不一致を低コストで調整できる機構が存在すること．

7. コモンズを組織する権利

 コモンズを組織し，管理する権利がローカルなコモンズに属していない外部の政府機関等によって大きく侵害されないこと．すなわち，外部の政府機関等はコモンズのルールの執行にあたっては，最低限の正当性しか主張できないように限定されていること．

8. コモンズ組織が入れ子状態になっていること (nested enterprises)

 コモンズがより大きな組織の一部である場合には，利用方法，管理方法，モニタリング，強制手段，利害の調整方法等々は，各段階の必要に応じて多層的な構造であること．

これらの条件のうち，条件 4 は規則順守を担保するためのモニタリングに関するものである．また，条件 5 は規則違反者に対するペナルティに関するものである．すなわち，条件 4，5 は，コモンズにおけるモニタリング政策とペナルティ構造の特徴について述べていると考えられる．これらは，環境政策に

おける規制執行 (enforcement) の問題として捉えることができる[4]．このうち，条件5「段階化された制裁 (guraduated sanctions)」で述べられているようなペナルティ構造の経済学的な性質は，Greenberg [17] が繰り返しゲームによって分析している[5]．

Ostrom [49] のあげた長期的持続の条件は，コモンズの制度的な特徴を理解するためには，いずれも重要であると思われる．元来，制度とは，多くの次元の要素から構成されているのであって，場合によってはただ1つの条件や構成要素を欠くことによって制度全体が崩壊することもありうるだろう．また，制度を規則の集合と捉えたとしても，それだけでは十分ではないかもしれない．規則には明示化されたものと，慣習や規範とでも呼ばれるような明示化されていない規則が存在するからである．それらが車の両輪となってはじめて，制度が機能しているということができるのだろう．

しかしながら，全てを総合的に取り扱うことはここでは困難である．それには，多くの分野の学際的な研究が必要となるだろう．われわれは，環境経済学において重要と思われる条件で，かつわれわれのモデルで分析可能なことがらについて分析を進めることにする．そこで，Ostrom [49] の抽出した条件のうち，3「集合的な選択の取り決め」と4「モニタリングの必要性」に注目する．

Ostrom [49] の条件3「集合的な選択の取り決め」で述べられているのは，意思決定システムの特徴である．すなわち，「運営ルールによって影響を受ける個々人は，その運営規則の変更に参加することができる」という構造を持った意思決定システムである．4「モニタリングの必要性」は，運営規則としての特徴である．当然，モニタリングは規則違反を監視するために行われるものであって，違反者に対するペナルティと対になって規則が構成されていると考え

---

[4] 環境政策における規制執行の問題については，Harford [28]，Malik [35]，Russell-Harrington-Vaughan [50]，山本 [63] 等がある．

[5] ただし，Greenberg [17] が分析したのは，納税者の行動と，徴税当局による監査や脱税に対するペナルティとの関連についてである．彼は，プレーヤーを脱税の発覚回数によってグルーピングし，脱税発覚回数が多ければ多い程，監査を行う確率をあげることによってペナルティの大きさを大きくするという制度について分析を行った．Greenberg [17] のモデルの環境経済学的な応用については，Harrington [20]，Russell [51] 等を参照せよ．

られる．

Ostrom [49] で検討されている歴史的に存在したコモンズには，主体間に濃密な関係をもった共同体が存在していたと思われる．一方，前に述べたように，「湖水」は多数主体間の直接的な相互作用のないモデルである．その意味で，「湖水」モデルは，既に共同体が崩壊した状態，あるいは，主体にとって共同体意識が非常に希薄である社会を描写したもの考えることが適切だろう．したがって，単に，歴史的コモンズの制度的枠組みを抽出し，それを「湖水」モデルにのせることによって検討することには，問題がないとはいえない．しかしながら，共同体が存在しない，あるいは共同体意識が非常に希薄な状態において，歴史的コモンズの制度的な要素がどの程度機能するかを，理論的に分析することには一定の意義があるだろう．そのような前提のもと，次節以降，「湖水」の問題を素材にこれらの点について，分析を進めていくことにする．

4.2 Okada モデル

Okada [46] は，N 人囚人のジレンマ・ゲーム (N Person Prisoners' Dilemma Game) において，プレーヤー間の合議による環境保全のための共同組織の導入について分析している．本節では Okada [46] の議論を検討し，それを手がかりとして以後の分析を進めていく．

Okada [46] は，N 人囚人のジレンマ・ゲームにおいて，多段階ゲームの枠組を適用することによって，プレーヤー間の合議による共同組織の導入について分析した極めて興味深い研究である[6]．Okada [46] におけるプレーヤーの戦略は混合戦略としてモデル化されているが，岡田 [48] には，純粋戦略によるモデルの分析が応用例としてあげられている[7]．いずれの分析もゲームの具体的設定は，「湖水」の問題をとりあげている．ここでは，岡田 [48] で検討された，純粋戦略によるモデルを検討する．

---

[6] これ以降の展開として，Okada-Sakibara [45]，Okada-Sakakibara-Suga [47] がある．

[7] 岡田 [48, pp. 147—51].

4.2.1 Okada モデルの構成

Okada モデルでは，次のような状況が想定されている．

- 「湖水」の問題においてジレンマ状況を回避するために，各エージェントには湖水を浄化する目的のために共同組織を作る可能性が与えられているとする．
- 組織は，もしメンバー全員が合意すれば，廃水を浄化しないメンバーに対して罰金 ω を課すことができる．罰金の額は $\omega > K - L$ とする．

つまり，Okada モデルは，Ostrom [49] が提示したコモンズの制度的な特徴のうち，3「集合的な選択の取り決め」と4「モニタリングの必要性」を取り込んで構築されているのである．Okada モデルでは，そのような組織の成立が可能であるかどうかを分析するために，次のような3段階からなるゲームを設定している．

1. 参加決定段階

   すべてのエージェント（工場）$i(= 1, \ldots, n)$ は，組織に参加する $(d_i = 1)$ か，しない $(d_i = 0)$ かを他のエージェントとは独立に決定する．
2. 交渉段階

   組織に参加したすべてのメンバーは，罰金 $\omega(> K - L)$ の制度を設けるかどうかを全員一致ルールで決定する．すなわち，すべてのメンバーは罰金の制度を導入することに賛成か反対かを他のメンバーとは独立に決定する．全員が賛成する時に限り，罰金制度が設けられる．
3. 行動決定段階

   すべてのエージェント $i(= 1, \ldots, n)$ は，廃水処理装置を設置する $(a_i = C)$ か，つけない $(a_i = D)$ かを他のエージェントとは独立に決定する．組織が罰金 ω を設けているとき，廃水処理装置をつけないメンバーには罰金 ω が課せられる．罰金は組織の非メンバーには効力をもたない．

Okada モデルの意義は，ジレンマを解決するための制度を導入する可能性が社会に与えられた場合，エージェント間の合意によって制度を立ち上げることができるかどうかを理論的に分析したことである．

4.2.2 Okada モデルの検討

さて，Okada モデルについて検討されるべき点は次の 2 点であろう．

1. 成立した制度は組織参加者のみが対象となること
2. 制度が成立した場合，組織メンバーの違反者は確率 1 で発見されること

まず第 1 点目について検討しよう．Okada モデルでは仮に罰金制度が導入されたとしても，組織に参加したプレーヤーだけが罰金の対象となる．これは，同じ共有資源を利用するのにもかかわらず，一方は「裏切り」を選択しても罰金の対象にならず，もう一方は罰金の対象になるという全く異なる状況の併存を許容することになる．このような設定については，いくつかの解釈を与えることができる．

1 つの解釈は，Okada モデルでは民主制などの意思決定のための制度が全く存在しない状況を出発点として想定しているというものである．そのような状態を初期条件とした場合に，ジレンマを解決するための組織をプレーヤー間の合意によって立ち上げることが可能かどうか，という問題設定である．これは，社会科学的には重要な問題であり，検討する価値は十分にある．

しかしながら，現代社会を分析の対象と考えるならば，このような状況を想定するのは，ある意味で難しいように思われる．なぜなら，すでに行政府をはじめ，民主的な意思決定を反映させることのできる組織が存在し，環境問題の解決にはそのような組織を抜きにして語ることはできないからである．この観点に立てば，その組織によって導入される規則は全員が適用範囲となることを前提として検討すべきだということになるであろう．すなわち，同じ共有資源を利用する者は原則的に組織に参加していることを前提として，その組織によってある内容を持つ規則が導入されるかどうかを検討すべきである．

以上の観点に立てば，交渉段階においては，全エージェントに規則を導入するか否かが問われるゲームを検討することも意味がある．そのようなゲームは，例えば，次のような2段階のゲームで表現できるだろう．

1. 交渉段階

 すべてのエージェント $i(=1, \ldots, n)$ は，次のような制度導入に賛成する $(d_i = 1)$ か，しない $(d_i = 0)$ かを他のエージェントとは独立に決定する．その制度が導入されると，罰金 $\omega(> K - L)$ が設けられ，エージェント全員がその制度の適用対象となり効力を持つ．その制度は，エージェントのある一定割合以上の賛成が得られれば導入されるものとする．

2. 行動決定段階

 すべてのエージェント $i(=1, \ldots, n)$ は，廃水の処理装置をつける $(a_i = C)$ か，つけない $(a_i = D)$ かを他のエージェントとは独立に決定する．罰金 ω が設けられているとき，廃水処理装置をつけないメンバーには罰金 ω が課せられる．

このゲームでは，各エージェントはまず制度導入に対する賛否を決定しなければならない．それによって制度の成立／不成立が明らかになった後，行動を決定するのである．そうして成立した制度は，全員が対象となる．

一方，Okada モデルには次のような解釈を与えることも可能である．近年，環境保全に関する取り組みを共通の目的として，自主的に組織された団体が数多く生まれている．そのような組織の運営原理は，組織に参加しない人間の行動とは無関係であろう．最終的には，そのような組織，あるいはその理念が社会的に広まることを目的としているとしてもである．今後はそのような自発的中間組織が，主要な役割をはたす可能性がある．Okada モデルはそのような組織が生成されるかどうか，さらにはそれがうまく機能するための条件について分析したものと解釈することができ，その観点からは妥当なモデル構造を持っていると考えられる．よって，以下では Okada モデルとそれを若干変更した2段階ゲーム・モデルの双方について分析を行うことにする．

次に，第 2 点目の，「制度が成立した場合，組織メンバーの違反者は確率 1 で発見されること」について検討しよう．現実には，ある規則／制度の違反者が確率 1 で発見されることはあり得ない．仮にそれを達成するにしても，莫大な費用がかかるであろう．この点で Okada モデルの設定には問題があるといえるかもしれない．効率的なモニタリングとペナルティのシステムの構築は，規制執行 (enforcement) の問題として 1 つの研究領域をなしている[8]．

しかしながら，それによってジレンマが解消される可能性がある制度，あるいは組織が提示された場合，はたして人々はそれに「参加するか／否か」ということへ焦点をあててモデル化したものであると解釈するならば，あながち問題であるともいえない．理論モデルはすべての要素を取り込むことは不可能であることを考えると，「制度が成立した場合，違反者は確率 1 で発見されること」は，組織への参加／不参加を分析の中心とするための意味ある簡略化だといってよいのではないだろうか．その意味では，このモニタリングの扱い方は，Okada モデルの問題点とは必ずしもいえないと思われる．したがって，以下の分析においても，この点については Okada モデルの構造を踏襲することにする．

4.3 シミュレーション III

4.3.1 解析的な分析

4.3.1.1 行動決定段階における均衡点

以下，岡田 [48] の議論を順にフォローしていこう．最初に，行動決定段階の均衡点が求められる．エージェント 1, ..., $q(2 \leq q \leq n)$ が組織に参加したとする．

1. 罰金が課せられていない場合

   すべてのエージェント $i(= 1, \ldots, n)$ にとって D の利得の方が，C の

[8] 本章の脚注 4 をみよ．

利得より常に高い．したがって，戦略の組 $(D, \ldots, D)$ が唯一の均衡点となる．

2. 罰金 ω の制度を組織が持つ場合

このとき，メンバー i の費用は，C を選択するとき，$K+(n-h-1)L$ であり，D を選択するとき，$(n-h)L+\omega$ である．$\omega > K-L$ より，メンバー i にとって C の利得は D の利得より常に高い．非メンバー $j(= q+1, \ldots, n)$ にとっては，罰金の制度の存在に関係なく D を選択した方が C を選択するよりも有利である．

したがって，唯一の均衡点は，

- 組織のメンバーは C をとる
- 組織の非メンバーは D をとる

という状態である．

4.3.1.2 交渉段階における均衡点

次に，交渉段階ゲームの均衡点が求められる．行動決定段階の均衡点を前提とするとき，罰金の制度が設けられる場合は組織のメンバーの費用は $K + (n - q)L$ である．罰金の制度が設けられない場合は nL である．したがって，メンバー i の費用は，

- メンバー全員が罰金に賛成の場合：$K + (n - q)L$
- そうでない場合：nL

となる．したがって，個々のメンバーにとって2つの戦略の間の支配関係は次の通りになる．

- $K + (n - q)L < nL$ のとき，賛成は反対を弱く支配する
- $K + (n - q)L = nL$ のとき，賛成と反対は無差別である
- $K + (n - q)L > nL$ のとき，反対は賛成を弱く支配する

以下では，簡単のため，設備費用と限界費用の比 K/L は整数でないと仮定され，真中のケースを除外する．このとき，交渉段階ゲームの支配されない均衡点は，次のようになる．

- $K/L < q \leq n$ のとき，メンバー全員が罰金の制度に賛成する
- $1 \leq q < K/L$ のとき，メンバー全員が罰金の制度に反対する

4.3.1.3 参加決定段階における均衡点

最後に，参加決定段階での均衡点が求められる．すでに求めた意思決定を前提にすると，戦略の組 $d = (d_1, \ldots, d_n)$ の各 d_i は 1（参加）あるいは 0（不参加）に対するエージェント i の費用は，次のように与えられる．

$$U_i(d) = \begin{cases} K + (n-q)L & \text{if } K/L < q \leq n, d_i = 1 \\ (n-q)L & \text{if } K/L < q \leq n, d_i = 0 \\ nL & \text{if } 0 \leq q < K/L \end{cases} \tag{4.1}$$

ただし，q は組織に参加する（$d_i = 1$ を選択した）エージェント数を表す．$q^*(2 \leq q^* \leq n)$ を，$K/L < q$ を満たす最小の自然数とする．定義により，q は，戦略の組 $(d_1, \ldots, d_n)$ に対して $d_i = 1$ となるエージェント i の数である．

1. $q > q^*$ のとき

   組織に参加しているエージェントの費用 $K + (n-q)L$ と，組織から離脱した場合の費用は $(n-q+1)L$ の差は，定義より $K - L > 0$ であるから，組織から離脱することによって費用を削減できる．したがって，戦略の組 d は均衡点ではない．

2. $q = q^* - 1$ のとき

   参加しないエージェントの費用 nL と，そのエージェントが参加に変更する場合の費用 $K + (n-q^*)L$ の差 $-K + q^*L$ は，$K/L < q^*$ より正となる．エージェントは参加へ変更することによって費用を削減することができるので，戦略の組 d は均衡点ではない．

3. $q \leq q^* - 2$ のとき

参加するエージェントが組織を離脱しても費用は nL のままであるから，戦略の組 d は強い均衡点ではない．

4. $q = q^*$ のとき

参加しているエージェントが離脱する場合，費用は $K + (n - q^*)L$ から nL に増加する．参加しないエージェントが参加に変更する場合の費用は，$(n - q^*)L$ から $K + (n - q^* - 1)L$ に増加する．したがって，戦略の組 d は強い均衡点となる．

よって，「q^* 人のエージェントのみが湖水浄化のための組織へ参加する」ことが参加決定段階での純粋戦略による強い均衡点となる．

Okada モデルにおける自然数 q^* は，罰金の制度がメンバーに受け入れられるために必要な組織の最少サイズであり，理論的帰結はそのような最少サイズの組織のみが湖水浄化のために形成可能であることを示している．仮に，q^* が全エージェント数 n と等しい場合，すべてのエージェントは環境浄化のための組織に参加することになる．しかしながら，エージェント数 n が q^* より大きい場合，q^* だけのエージェントしか組織に参加しない．このとき，個々のエージェントにとって最も有利な結果は，他のエージェントが組織を作り自分は組織に加わらないことである．したがって，エージェント数 n が q^* より大きいケースでは各エージェントは組織に参加しないインセンティブを持つことになる．

しかしながら，すべてのエージェントが同じように考えて組織に参加しないならば，環境浄化を目的とした組織は成立せず，誰も組織に参加せず湖水が最も汚染されるという最悪の結果になってしまう．結局のところ，個々のエージェントは「組織に参加するかしないか」のジレンマに直面することになるのである．

4.3.2 シミュレーションIIIのアルゴリズム

4.3.2.1 ゲームのアルゴリズム

このゲームは，エージェントに3つの意思決定段階を要求する．シミュレーションでは，順方向に各段階の意思決定が行われるものとする．そのうち，組織への参加／不参加を決定した以後の行動決定の仕方は，解析的な分析における方法と同様の考え方を用いるものとしよう．この単純化は，エージェントの組織参加段階での意思決定に分析の焦点を絞るためである．それによって，シミュレーションと解析的な結果の比較，すなわち，異なる行動仮説から導かれた帰結の考察を容易となるのである．シミュレーションのアルゴリズムは，以下のようになる．

```
Program CommonsGame3;
integer t := 0;
repeat begin
  t := t + 1;    ... (1)
  InData := CopyFromPastInData( );    ... (2)
  while (i ≤ n) do begin
    OutData1_i := Policy1(InData);    ... (3)
  end
  Participants := AggrigateActionData1(OutData1_i);    ...(4)
  while (i ≤ n) do begin
    OutData2_i := DecideOutData2(OutData1_i, Participants);    ... (5)
  end
  Instflag := AggrigateActionData2(OutData2_i);    ...(6)
  while (i ≤ n) do begin
    OutData3_i := DecideOutData3(OutData1_i, Instflag);    ... (7)
    Rinfc_i := DecidePayoff(OutData3_i, Instflag);    ... (8)
    ModifyMem(InData,
        OutData1_i, OutData2_i, OutData3_i, Rinfc_i);    ... (9)
  end
end forever
```

アルゴリズムにおける各手続きを順に説明していこう．

(1) は，時間を1ステップ前へ進める手続きである．整数型の変数 t は，時間を表す．(2) は，入力データの取得手続きである．このシミュレーションにおける入力データは，時点 $t-1$ における組織参加者数である．時点 t の入力である $t-1$ の組織参加者数は，既に $t-1$ のゲーム実行において取得されている．したがって，関数 CopyFromPastInData( ) は単に $t-1$ における組織参加者数を変数 InData にコピーするだけである．(3) は，組織への参加決定段階における各エージェントの出力データの決定手続きである．出力データは，「組織に参加する」か「組織に参加しない」のいずれかである．これを決定する関数 Policy1( ) は，出力記号を除いて，前章のシミュレーション I と同じ手続きである．出力データの決定は，関数 Policy1( ) に変数 InData を渡すことによって実行される．決定されたエージェント i の出力データは，変数 $\mathrm{OutData1}_i$ に格納される．各エージェントの組織への参加／不参加が決定された段階で，データ出力の集計を行う (4)．すなわち，各エージェントの変数 $\mathrm{OutData1}_i$ を受取り，時点 t において「参加」を選択したエージェント数を集計し，変数 Participants に格納する．この手続きは，AggrigateActionData1( ) によって行われる．

(5) では，交渉段階における各エージェントの出力データの決定手続きである．この手続きを実現するのが，関数 DecideOutData2( ) である．これによって，制度に賛成するか否かを決定する．手続きの詳細については，後に述べる．(6) は，組織参加者のうち制度に賛成したエージェントの人数を集計し，制度成立の判定を行う手続きである．関数 AggrigateActionData2( ) は，制度成立の場合は1を，不成立の場合は0を変数 Instflag に格納する．

(7) は，行動決定段階における出力データを決定する手続きである．出力データは，「協調して廃水処理装置を設置する」か「裏切って設置しない」かである．この手続きを実現する関数 DecideOutData3( ) の詳細については，後に述べる．これらが決定された後に利得の計算が行われる (8)．(9) は，記憶更新の手続きである．この手続きは，基本的に前章のシミュレーションにおける関数 ModifyMem( ) と，引数の数を除いて同じである．

4.3.2.2 交渉段階における手続き

前に述べたように，この段階での行動決定の考え方は，解析的な分析と同じ考え方を採用する．DecideOutData2( ) のアルゴリズムは，以下に通りになる[9)].

```
function DecideOutData2(OutData1, Participants): symbol
begin
  if OutData1 = 'NP';    ... (1)
  then OutData2 =: 'N';    ... (2)
  else begin
    if K/L < Participants ≤ n then OutData2 := 'Y';    ... (3)
    else if 1 ≤ Participants < K/L OutData2 := 'N';    ... (4)
    else  ;
  end
end
```

(1) は，組織参加者と不参加者を分岐する手続きである．記号'*NP*' は不参加 (Do Not-Participate) の意味である．(2) は不参加者の出力データ決定手続きである．ここでは，処理の便宜上，組織不参加者は「制度に反対」を出力するものとしている．組織参加者の出力データ決定手続きは，次のルールにしたがうことになる．組織参加者数 (Participants) を q とすると，

- $K/L < q \leq n$ のとき，罰金の制度に賛成する (3).
- $1 \leq q < K/L$ のとき，罰金の制度に反対する (4).

これは，解析的な分析と同じ考え方である．すなわち，組織参加者は，$K/L < q \leq n$ の範囲の参加者が集まったとき，全員賛成を選択することになり (3)，$1 \leq q < K/L$ の範囲に参加者数が止まったとき，全員反対を出力データとすることになる (4).

---

9) 記述の便宜上，エージェントの添字 i は省略している．

4.3.2.3　行動決定段階における手続き

前に述べたように，この段階の行動決定の考え方も，解析的な分析と同じ考え方を採用する．DecideOutData3( ) のアルゴリズムは，以下にようになる[10)]．

```
function DecideOutData3(OutData1, Instflag): symbol
begin
  if OutData1 = 'NP';    ... (1)
  then OutData3 =: 'D';    ... (2)
  else begin    ... (3)
    if Instflag then    ... (4)
    OutData3 := 'C';    ... (5)
    else then OutData3 := 'D';    ... (6)
    else  ;
  end
end
```

(1) は，組織参加者と不参加者の分岐手続きである．組織不参加者は，全員「裏切り」('D') を選択する (2)．(3) は，組織参加者の行動決定手続きである．(4) は，Instflag によって罰金 ω の制度が成立／不成立の分岐を行う手続きである．その手続きは，以下のようになる．

- 罰金 ω の制度を組織が持つ場合，C を選択する (5).
- 罰金 ω の制度が成立していない場合，D を選択する (6).

以上が，シミュレーション III のアルゴリズムである．

4.3.3　組織参加率の変化

シミュレーションは，表 4.1 に示す 5 つのケースについて行った．異なる q^* の値によるエージェントの組織参加率への影響を調べるためである．case 1，2

10) 記述の便宜上，エージェントの添字 i は省略している．

表 4.1: 利得関数パラメータの設定値

case 1	$K = 10,\ L = 4,\ q^* = 3$
case 2	$K = 10,\ L = 8,\ q^* = 2$
case 3	$K = 50,\ L = 3,\ q^* = 17$
case 4	$K = 74,\ L = 3,\ q^* = 25$
case 5	$K = 149,\ L = 3,\ q^* = 50$

は q^* がエージェント数 n 対して小さいことが，case 3〜5 は q^* が n 対して大きいことが特徴である．q^* は K/L より大きい最小の整数となる．q^* の値が大きいことは，K/L の値が大きいこと，すなわち，K が L に対して相対的に大きいことを意味している．つまり，取水浄化の限界費用に比して，廃水処理装置の設置費用が高いことである．

なお，システムのパラメータは第 3 章のデフォルト値と同じ，すなわち，$\rho = 0.85$，$\eta = 0.1$，$p_k = 0.05$ とした．シミュレーションの最初と 2 回目での組織に参加するか否かの意思決定は，初期条件として与えた．いずれも，「50%の確率で参加する」と設定している．

図 4.1 は，5 つのケースそれぞれについて，100 回のシミュレーションを行い，エージェントの組織参加率の平均値をプロットしたものである．図 4.2 は，それらの標準偏差をプロットしたものである．

図 4.1 から，組織参加率の変動の特徴は，case 1, 2 と case 3〜5 の 2 つに区分できるように思われる．それぞれについて，以下で検討することにしよう．

4.3.3.1　case 1, 2 について

これらのケースは，エージェント数 n に比べて q^* の値が小さいケースである．シミュレーションの結果によると，時間の経過につれて組織参加率が減少し，おおよそ 0.1 以下の水準に収束している．組織参加率とは，1 回のゲーム

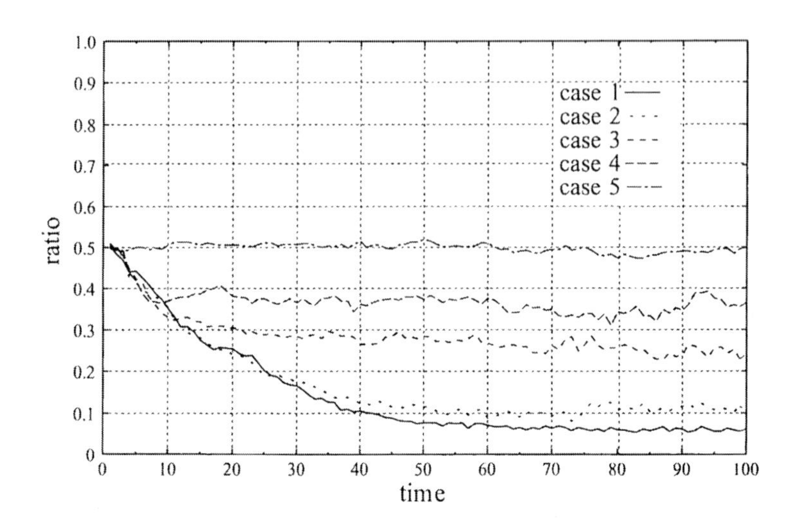

図 4.1: 組織参加率の変化－平均値

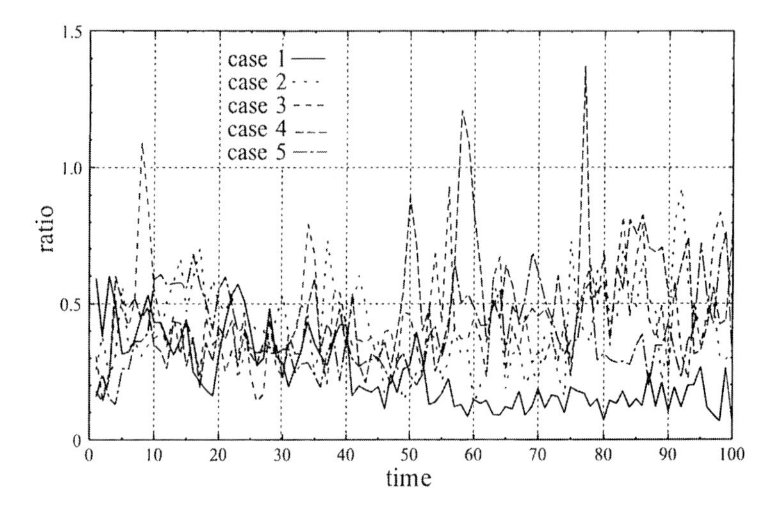

図 4.2: 組織参加率の変化－標準偏差

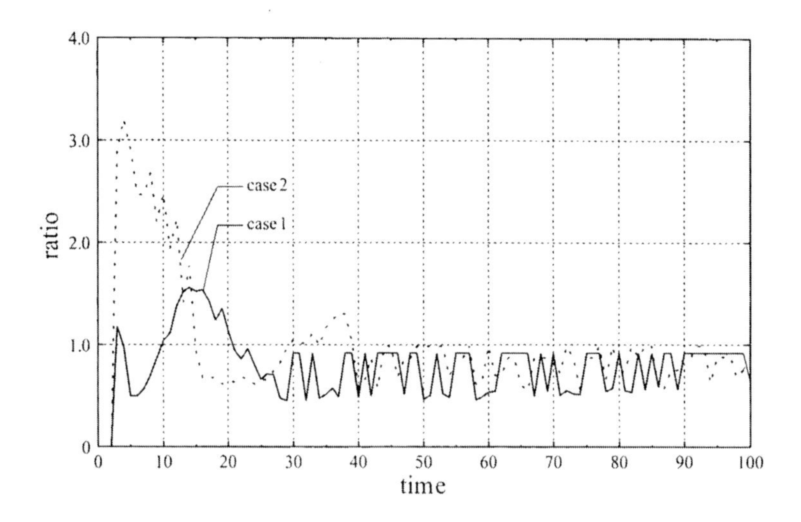

図 4.3: 評価値比の変化

で組織に参加したエージェントの比率である．これは，解析的な分析による結果と一致しているといえるだろう．エージェントは，学習が進むにつれて，組織に参加して制度が成立したとしても，組織外にあって D を選択することが有利である，という構造を獲得したものと考えられる．図 4.3 は，これらのケースについて，ある 1 回のシミュレーションにおいて，（参加を選んだ場合に最終的に得られた評価値）÷（不参加を選んだ場合に最終的に得られた評価値）の値について，全エージェントの平均値をプロットしたものである．これによると，学習が進んだ段階では，1.0 以下に収束していることがわかる．図 4.3 からも，エージェントは，「組織に参加しない」ことが有利であるという知識を獲得していることが示されている．

4.3.3.2　case 3～5 について

これらのケースでは，q^* の値が上昇するにつれて，組織参加率の収束値も上昇している．$q^* = 17$ のとき 0.2～3，$q^* = 25$ のとき 0.3～4，$q^* = 50$ のときおおよそ 0.5 である．

解析的な分析によれば，$q^* = n$ のとき，そしてそのときのみ，全エージェントが組織に参加しジレンマは解消されることになる．$q^* = 17$ や $q^* = 25$ のケースはともかく，$q^* = 50$ のケースでのシミュレーションは，解析的な結果と一致しない．これはなぜか？

われわれのエージェントは，経験を蓄積し，それをもとにして意思決定する．そのため，組織への参加／不参加を合理的に決定するには，それぞれの状態についての十分な経験が必要である．つまり，制度成立，不成立を組織メンバーとして，また，非メンバーとして経験することが必要となるのである．q^* が高い水準にある場合，制度成立の状態を生み出すには，まず多くのエージェントが組織に参加することが必要条件となる．例えば，$q^* = 2$ のケースでは，50 人中少なくとも 2 人が組織への参加を表明すれば，制度成立の状態を作り出すことができる．しかし，$q^* = 50$ のときは，エージェント全員が参加を決定しない限り，制度成立の状態を生み出すことはできない．よって，q^* の値が上昇することは，制度を成立させる際のハードルが高くなることを意味するのである．

整理しよう．n に対して q^* が小さい場合，エージェントが制度成立状態をシミュレーション過程において実際に経験する確率は高い．逆に，q^* が n に近ければ近いほど，制度成立の状態を生成する確率は低くなる．では，q^* の増加は，エージェントの行動決定へどのような影響を与えるのか？　以下では，シミュレーションの多数試行後の平均的な傾向について論じる．

シミュレーション・モデルでは，q^* が増加するにつれて，エージェントが制度成立を経験する確率が小さくなる．そのため，各状態，特に制度成立下の状態への探索が進みにくくなる．組織への参加／不参加のメリット・デメリットを正確に評価するには，制度成立状態を経験することが必要であるが，その経験を十分に得られない．つまり，q^* が増加するにつれて，エージェントの記憶の中は参加／制度不成立，不参加／制度不成立の経験が大部分を占めることになってしまうのである．この傾向は，q^* の増加によって強化される．

そして，極端な場合には，参加／不参加の評価値は，エージェントにとって差が無くなってしまう．なぜなら，参加／不参加に関係なく，制度は成立されないからである．そのような状況下では，エージェントの記憶には，

- 組織参加 → （所定の参加人数を満たさないので）反対 → 裏切りを選択
- 組織不参加 ⟹ 裏切りを選択

のいずれかの経験しか，存在しなくなってしまうだろう．参加／不参加の評価値に差がないのであれば，行動仮説にしたがえば，参加／不参加をランダムに決定することになるのである．したがって，q^* の増加のエージェントの行動決定への影響は，エージェントがランダムに参加／不参加を決定する傾向が強まるということになる．

まとめよう．図 4.1 において，q^* の増加によって，組織参加率の収束値が上昇するのは，探索が十分に進まないため，行動をランダムに選択する傾向が高まるからである．$q^* = n$ のとき，この傾向は最大となり，エージェントは組織への参加／不参加をほとんどランダムに選択するだけになる．

以上の考察より，シミュレーションにおける行動ルールは，後向き帰納法の持つ合理性と比べて，合理性を欠くといえるかもしれない．解析的な分析の帰結では，$q^* = n$ のとき，「全員が組織参加／制度成立」という均衡は安定である．たしかに，一旦，均衡状態に到達すれば安定である．しかし，その均衡へはどのような経路を経て到達するのか?

$q^* = n$ とは，全員が組織に参加することであり，それが実現するためのハードルは，現実にはかなり高いと思われる．集団サイズ n が小さい場合はともかく，ある程度以上の大きさの場合は，全員が組織に参加することは困難だろう．では，なぜ解析的な分析では，均衡に到達するのか．ナッシュ均衡戦略で

は，エージェント間のコミュニケーションの存在を暗黙の前提としており，それによって均衡へ到達するのである．しかし，われわれのシミュレーション・モデルには，そのような想定はなされていないのである．

社会における環境と経済の関連を考えるのが目的とするならば，n がある程度以上の大きさであると想定するのが自然であろう．その場合，ナッシュ均衡戦略が想定するようなエージェント間のコミュニケーションは非常に困難となるだろう．われわれのシミュレーション結果は，たとえ $q^* = n$ であっても，「全員参加／制度成立」状態へと到達するには，別の何か——主体間のコミュニケーションを支えるもの——が必要であることを示している．多数主体によって構成される社会においては，その「何か」を明示的に導入しなければ，ジレンマを解決することは実際的には不可能であることを示しているのである．

4.3.4 考察

「湖水」の問題では，パラメータ K は廃水処理施設の設置費用，L は取水浄化の限界費用という意味が与えられていた．シミュレーション結果を考察するにあたって，利得関数のパラメータ K，L の解釈を少し広げておこう．

エージェントは，自分が廃水処理施設を設置したかどうかに関係なく，湖水の水質の悪化にともなって全員共通のコストを支払わねばならない．他方，廃水処理施設を設置することは，いわば，環境保全的な行動をとることである．それは社会的には望ましいことなのだが，そのことによって，個人には余分なコスト K がかかる．このことから，パラメータ K は，より一般的には，エージェントが環境保全的な行動をとることにともなう困難度を表しているものと理解することが可能である．例えば L を固定して考えると，K が大きければ大きいほど，各エージェントの総費用の増加を通じて，環境保全的な行動を取ることの困難度が高くなるのである．また，パラメータ L は，より一般的にいえば，環境悪化を原因とする，経済活動への限界的な困難度を表す指標と理解することができる．

以後の議論は，シミュレーションのパラメータ設定 case 1～5 にみられるように，Lをほぼ固定して考えることにしよう．定義より，Kの増加によってq^*の水準は比例的に上昇する．すなわち，q^*が高い水準にあることは，エージェントが環境保全的な行動をとることの困難度が比較的高いことを意味しているのである．

4.3.4.1 q^*が相対的に高い水準にあるケース

まず，q^*が相対的に高い水準にあるとき，特に，$q^* = n$の場合について考察する．このケースでは，制度成立には全員が組織に参加することが必要である．しかし，先にみたように，シミュレーションでは，$q^* = n$のとき組織成立の確率は小さい．それは，エージェントが組織成立を経験するのがほとんどないことが原因であった．よって，全員参加の状態を，エージェントの自発的な行動決定によって達成するのは困難である．

さて，このケースにおいて，モデルの構造に即して議論をするならば，制度が成立した状態を全エージェントに経験させることが必要ということになるだろう．これは，エージェントの自発性だけに頼っては困難であって，行政府などの第三者による誘導や調整が必要になると思われる．しかし，それでは，エージェントの自発的な組織参加による制度成立に期待などせずに，当初から行政府が規制を実行すればよいことになってしまう．

q^*が相対的に高い水準にあるときは，すなわち，Kの値が大きな場合であって，そもそも「協調」を選択するインセンティブが低い状態である．そのため，仮に制度成立が実現したとしても，エージェントに遵守させるのは，現実には様々な困難が生じるかもしれない．その意味でも，このケースでは，行政府による規制的な措置の必要性が高いと考えられる．q^*が相対的に高い水準にある，すなわち，エージェントが環境保全的な行動をとることの困難度が比較的高い場合には，ボトムアップ的に制度を立ち上げることを目指すよりも，トップダウン的な規制を政策の中心に据えることが妥当ではないだろうか．このケースでは，自発的な組織参加・制度成立のみに頼ったジレンマの解決は，困難であるといえるだろう．

4.3.4.2 q^* が相対的に低い水準にあるケース

次に，q^* が相対的に低い水準にある場合について考察する．このケースでは，組織成立の可能性は大きい．しかし，先のシミュレーションでみたように，エージェントは，自分は組織に参加せず裏切ることが得であることを，学習によって獲得する．結局，組織参加のジレンマに陥ることになるのである．

ここで，次のような思考実験を行ってみよう．先のシミュレーションでは，エージェントは唯一存在可能な組織への参加／不参加の決定を求められた．仮に，類似の目的を達成しようとする複数の組織の存在が可能だとしてみよう．シミュレーションは，様々な組織が生まれては消えていく過程となるだろう．ここで，q^* がとりうる最小に近い数，例えば，$q^* = 3$ や $q^* = 5$ であると想定しよう．さらに，組織 m のもつ q^* の値を q^*_m として，

$$n = \sum_m q^*_m$$

を満たすような数の組織が，存在可能な状況を想定してみよう．制度成立が小規模な人数で可能な組織が，多数存在する状況である．このような状況では，タイミングがうまくあえば，ちょうど q^*_m 人のメンバーからなる組織がちょうど m 組存在することが，実現できるかもしれない．つまり，誰もが何らかの小規模な組織に参加しているという状況である．各組織はちょうど q^*_m 人のメンバーを確保しているので，いずれの組織でも制度は成立することになるだろう．もし，そのような状況が実現されれば，そのとき集団全員が各組織における制度のもとに協調行動を選択することになると予想される．

本章のシミュレーション・モデルには，複数の小規模集団生成のための契機が埋め込まれていないため，ここでは理論的に明確なことを述べることは，残念ながらできない．また，仮にシミュレーション・モデルに複数の小規模集団生成の契機が実装されたとしても，先のエージェントの行動仮説を前提とすると，その過程の行き着く先は，やはり，組織参加のジレンマに陥ることになる

かもしれない．しかしながら，そうであるとしても，自発的な組織参加・制度成立によるジレンマの解決の可能性は，このような比較的小規模な多数集団において存在するように思われる．

そのためには，どのようなことが必要となるだろうか．$q^* = n$ のようなケースは除外するとして，q^* がある程度の水準にあるとき，トップダウン的にできることは，q^* を低い水準にすること，すなわち K を小さくすることであって，そのための手段が存在するかどうかが重要である．これは，いわば，技術的な問題であろう．つまり，困難度を低めた上で，エージェントの自発性に期待するのである．このことは，ボトムアップ的な解決を目指すとしても，国家や地方政府による支援が必要となることを意味している．そして，そのような状況のもとで，比較的小規模な組織が多数生成し，安定して存在することを可能にするようなエージェントの合理的な行動様式の持つべき要件を探求することが次の課題となるだろう．

ところで，なぜ，そうまでしてエージェントの自発性に固執するのか？トップダウン的な規制に完全に頼ることは，$q^* = n$ のようなやむを得ない場合は別として，問題があるからである．もちろん，規制のような明示的な規則としての制度が全く存在しないということになれば，社会は立ち行かなくなるだろう．そのような意味での制度の必要性を認めた上で，やはり問題があるのである．1つは，制度の実効性を担保するための規制執行費用の問題である．もう1つは——こちらがより本質的だと思われるのだが——規則をはじめとする外部の物的メカニズムに，利己的な行動を抑制することを完全に依存するならば，そこには個人の自由，あるいはモラルが存立しうる余地はなくなってしまうからである[11]．

[11] ここでいうモラルとは，「長い目でみて何をなすのが合理的なのかを考慮し，それを行動に反映できる」という程度の内容を指している．

4.4 シミュレーションIV

次に，Okadaモデルに手を加えた2段階ゲームについて，分析しよう．まず，解析的な解を求め，次にシミュレーションを行う．なお，ここでは過半数の賛成があった場合に制度が成立されるものとする．

4.4.1 解析的な分析

4.4.1.1 行動決定段階における均衡点

最初に，行動決定段階の均衡点が求められる．

1. 制度が成立しなかった場合

   賛成少数によって制度が成立しなかった場合，すべてのエージェント$i(=1, \ldots, n)$にとってDの利得の方が，Cの利得より常に高い．したがって，戦略の組$(D, \ldots, D)$が唯一の均衡点となる．
2. 罰金ωの制度が成立した場合

   このとき，エージェントiの費用は，Cを選択するとき，$K+(n-h-1)L$であり，Dを選択するとき，$(n-h)L+\omega$である．$\omega > K-L$より，エージェントiにとってCの利得はDの利得より常に高い．

したがって，唯一の均衡点は，

- 制度が成立した場合，全員がCをとる
- 制度が成立しなかった場合，全員がDをとる

という状態である．したがって，各エージェントの費用は，

- 制度が成立した場合：K
- そうでない場合：nL

となる．

4.4.1.2　投票段階における均衡点

次に，投票段階ゲームの均衡点を求める．q を制度に賛成したエージェント数とする．q^* を，最も小さい過半数，すなわち，$n/2 < q$ を満たす最小の自然数とする．

1. $q = q^*$ のとき

   このとき，賛成多数で制度は成立している．この状態において，あるエージェントが反対から賛成に転じたとしてもなお制度は成立している．この場合，エージェントは全員 C を選択し，費用はおのおの K となって不変である．一方，この状態において，賛成から反対に転じたとすると，賛成が過半数を下回り制度は成立しない状態となる．その場合，費用は K から nL へ増加する．
2. $q = q^* - 1$ のとき

   このとき，賛成少数で制度は成立していない．この状態において，あるエージェントが賛成から反対に転じたならば，制度は依然として不成立である．この場合費用は nL で不変である．一方，反対から賛成へ転じた場合，賛成多数で制度成立となる．この場合，費用は nL から K へ減少する．
3. $q \geq q^* + 1$ のとき

   このとき，制度は賛成多数で成立している．この状態において，あるエージェントが賛成から反対に転じたとしても，制度は依然として成立している．この場合，費用は K で不変である．一方，反対から賛成へ変更したとしても，制度成立の状態であり，費用は K で不変である．
4. $q < q^* - 1$ のとき

   このとき，賛成少数で制度は成立していない．この状態において，あるエージェントが賛成から反対に転じたとしても，制度は依然として不成立の状態である．この場合，費用は nL のまま不変である．一方，反対から賛成へ変更したとしても，やはり制度は不成立の状態であり，費用は nL

のまま不変である．

さて，以上の考察を整理してみると，

- $q = q^*$ のとき，「賛成」が有利である．
- $q = q^* - 1$ のとき，「賛成」が有利である．
- それ以外のケースのとき，「賛成」，「反対」は無差別である．

となる．これらから，どのような結論を導くことができるか，ナッシュ均衡戦略的な観点から考察してみることにしよう．

ナッシュ均衡戦略的に考えるならば，とりあえず，相手の行動を所与として考えてみることになる．図4.4は，ある1人のエージェントについての費用関

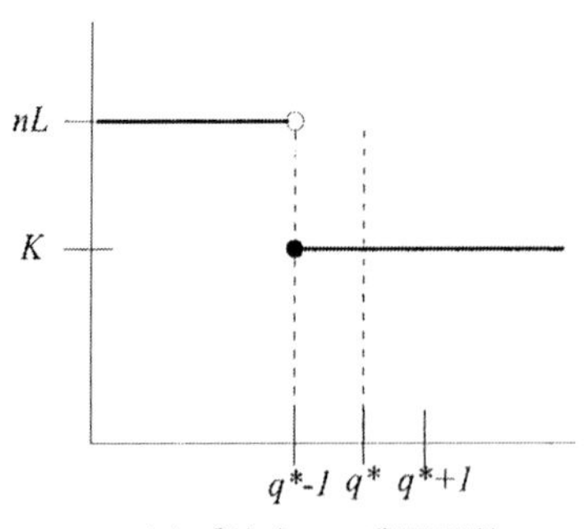

(a)「賛成」の費用関数

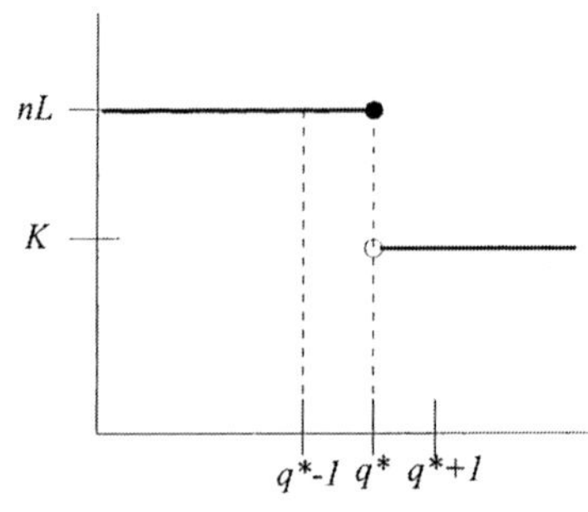

(b)「反対」の費用関数

図4.4: エージェントの費用関数

数を模式的に示したものである．横軸に自分を除いた「賛成」の数を，縦軸に費用をとっている．相手の行動を所与として，(a) は「賛成」を選択した場合の費用を，(b) は「反対」を選択した場合の費用を表している．この図からわかるように，「賛成」か「反対」かの選択がクリティカルに効いてくるのは，状態が $q = q^*$ と $q = q^* - 1$ の場合のみである．そして，その数少ない場合において有利なのは，いずれも「賛成」を選択することである．したがって，相手の行動を所与として考えるのならば，「賛成」を選択することが合理的ということになる．他のエージェントも同様に考えるだろうから，全員「賛成」が均衡点となるだろう．したがって，全員「賛成」によって，制度は成立し，それによって全員「協調」を選択する状態が，ナッシュ均衡戦略の帰結となるのである．

4.4.2　シミュレーションIVのアルゴリズム

4.4.2.1　ゲームのアルゴリズム

このゲームは，エージェントに2つの意思決定段階を要求する．シミュレーションでは，順方向に各段階の意思決定が行われるものとする．そのうち，制度の成立／不成立が判明した以後の行動決定の仕方は，解析的な分析における方法と同様の考え方を用いるものとしよう．この単純化は，エージェントの制度成立に対する賛否の決定段階の分析の焦点を絞るためである．先のシミュレーションと同様に，それによって，シミュレーションと解析的な結果の比較，すなわち，異なる行動仮説から導かれた帰結の考察を容易にする．シミュレーションのアルゴリズムは，以下のようになる．

```
Program CommonsGame4;
integer t := 0;
repeat begin
  t := t + 1;    ... (1)
  InData := CopyFromPastInData( );    ... (2)
  while (i ≤ n) do begin
    OutData1_i := Policy1(InData);    ... (3)
  end
```

```
    Instflag := AggrigateActionData(OutData1i);    ...(4)
    while (i ≤ n) do begin
      OutData2i := DecideOutData4(Instflag);    ... (5)
      Rinfci := DecidePayoff(OutData2i, Instflag);    ... (6)
      ModifyMem(InData, OutData1i, OutData2i, Rinfci);    ... (7)
    end
  end forever
```

アルゴリズムにおける各手続きを順に説明していこう.

(1) は，時間を 1 ステップ前へ進める手続きである．(2) は，入力データの取得手続きである．このシミュレーションにおける入力データは，時点 $t-1$ における制度賛成者数である．時点 t の入力である $t-1$ の制度賛成者数は，既に $t-1$ のゲーム実行において取得されている．したがって，関数 CopyFromPastInData( ) は単に $t-1$ における賛成者数を変数 InData にコピーするだけである．(3) は，制度への投票段階における各エージェントの出力データの決定手続きである．出力データは，「制度に賛成する」か「制度に反対する」のいずれかである．これを決定する関数 Policy1( ) は，出力記号を除いて，前章のシミュレーション I と同じ手続きである．各エージェントの制度への支持／不支持が決定された段階で，データ出力の集計を行い，制度が成立したかどうかを判定する (4)．すなわち，各エージェントの変数 $\mathrm{OutData1}_i$ を受取り，時点 t において「賛成」を選択したエージェント数を集計し，それが過半数を越えているかどうかをチェックし，制度が成立した場合 Instflag に 1，不成立の場合 0 を格納する．

(5) は，行動決定段階における出力データを決定する手続きである．出力データは，「協調して廃水処理装置を設置する」か「裏切って設置しない」かである．この手続きを実現する関数 DecideOutData4( ) の詳細については，後に述べる．これらが決定された後に利得の計算が行われる (6)．(7) は，記憶更新の手続きである．この手続きは，基本的に前章のシミュレーションにおける関数 ModifyMem( ) と，引数の数を除いて同じである．

4.4.2.2 行動決定段階における手続き

前に述べたように，この段階の行動決定の考え方は，解析的な分析と同じ考え方を採用する．DecideOutData4( ) のアルゴリズムは，以下にようになる[12]．

```
function DecideOutData4(Instflag): symbol
begin
  if Instflag then     ... (1)
    OutData2 := 'C';     ... (2)
  else then
    OutData2 := 'D';     ... (3)
end
```

(1) は，Instflag によって，現時点で罰金 ω の制度が成立状態にあるのか，不成立の状態にあるのかについての分岐手続きである．制度成立の時は，全員「協調」（'C'）を選択し (2)，制度不成立の場合は，全員「裏切り」（'D'）を選択する (3)．は、組織参加者の行動決定手続きである．

以上が，シミュレーション IV のアルゴリズムである．

4.4.3 支持率の変化

利得関数のパラメータは，$K = 10$，$L = 4$，システムのパラメータは第 3 章のデフォルト値と同じ，すなわち，$\rho = 0.85$，$\eta = 0.1$，$p_k = 0.05$ とした．シミュレーションの最初と 2 回目での制度に対する投票段階の意思決定は，初期条件として与えた．いずれも、「50%の確率で賛成する」と設定している．

図 4.5 は，100 回のシミュレーションを行い，エージェントの制度に対する支持率の平均値を，図 4.6 は標準偏差をそれぞれプロットしたものである．図 4.5 によると，エージェントの支持率は，50%の回りを中心に変動していることがわかる．ただし，変動幅はわずかである．この結果は，ナッシュ均衡戦略を

[12] 記述の便宜上，エージェントの添字 i は省略している．

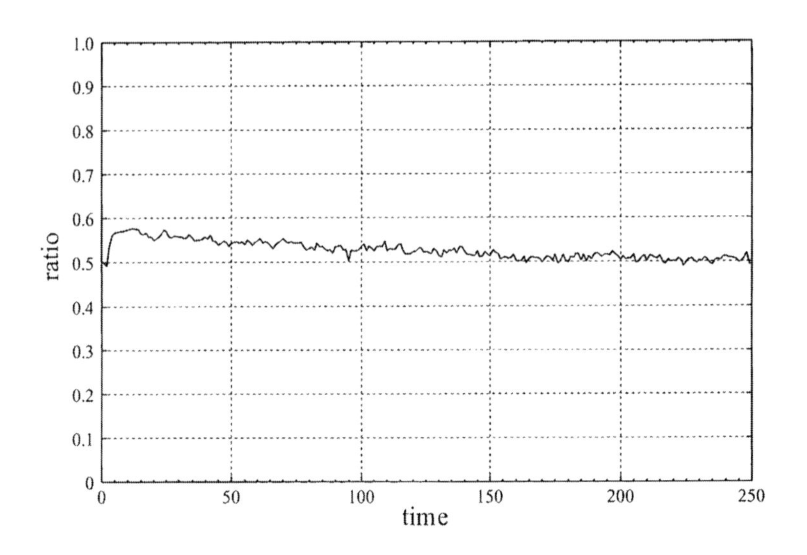

図 4.5: 支持率の変化－平均値

前提とした解析的な解と異なっているといえるだろう．以下に考察を試みる．

図 4.7 は，ある 1 回のシミュレーションにおいて，（賛成した場合に最終的に得られた評価値）÷（反対した場合に最終的に得られた評価値）の値を 50〜250 ステップについて全エージェントの平均値をプロットしたものである．評価値の変動は，シミュレーション開始後から 150 ステップ前後までと，それ以降とで異なった振舞いをしている．シミュレーション開始後から 150 ステップ前後までの学習初期段階においては，評価値の比は大きく変動していることがわかる．ただし，変動してはいるが 1.0 を下回ることはない．一方，150 ステップ以降の学習が進んだ段階では，評価値は，ほぼ 1.0 に収束している．ただし，ときおり増加方向への小さな変動がみられるが，やはり 1.0 を下回ることはない．評価値が 1.0 を下回らないことから，エージェントは「賛成」が望ましい，あるいは「反対」と無差別であることを，学習によって獲得していることがわかる．

学習が進んだ 150 ステップ以降では，多くの場合，評価値は 1.0 に収束して

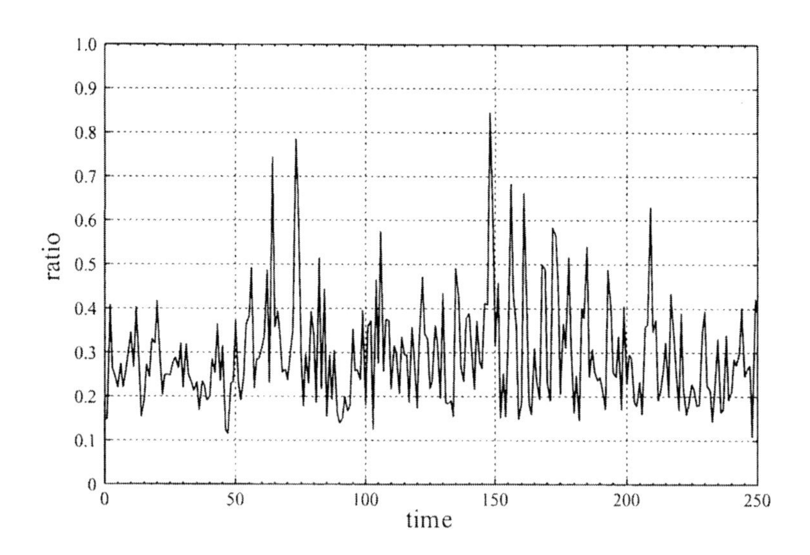

図 4.6: 支持率の変化－標準偏差

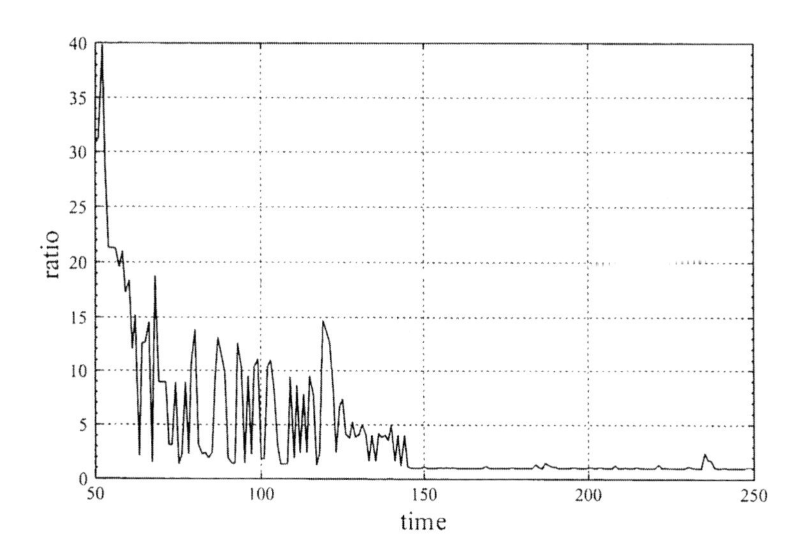

図 4.7: 評価値比の変化

いる．評価値が1.0ということは，エージェントにとって「賛成」と「反対」が無差別ということである．このときエージェントは，ランダムに「賛成」か「反対」のいずれかに決定することになる．そのため，制度への支持率が過半数を得ることができない場合が生じる可能性がある．しかし，その場合でも過半数を大きく割ることはない．ほんの微細なゆらぎによって，あるタイミングで制度が成立しない状態を経験すると，「賛成」の評価値が上昇し，「賛成」を選ぶエージェントが現れる．しかし，それは数人のエージェントに過ぎず，また，再び制度を成立させるには数人のエージェントの「賛成」で十分なのである．図4.7の150ステップ以降において，評価値がときおり微細に増加するのは，数人のエージェントが制度不成立の状態を受けて，ランダムな行動から「賛成」を選択する行動へ移行していることを示している．

また，図4.6によれば，標準偏差は，増加も減少もしておらず，ある一定の幅の間にある．これも，図4.5において，賛成比率が50%の回りを中心に変動していることの理解を与えてくれる．

以上のことをゲームの構造に立ち返って考察してみよう．このゲームの構造は，図4.4が端的に表している．この図が示すことを再び確認すると，$q = q^*$，あるいは$q = q^* - 1$のとき，「賛成」が有利であり，それ以外のケースのとき，「賛成」，「反対」は無差別であるということである．これは，次のことを意味している．$q = q^*$，あるいは$q = q^* - 1$という状況は，エージェントにとっては自分の選択如何で制度の成立を左右することになる．すなわち，ある1人の個人がキャスティングボートを握っているという状況である．そのような状況にある場合にのみ，いずれの行動を選択するかが，利得水準に大きく影響するということである．

ところで，そのような状況は現実にはどの程度の頻度で発生するだろうか．ゲームに参加する人数が比較的少数の場合は，ある程度高い頻度で発生するかもしれない．しかし，ゲームに参加する人数が多数の場合はどうであろうか．そのような多数集団においては，ある1人の個人がキャスティングボートを握るということは，確率的には非常に低いと考えざるを得ない．したがって，多くの場合，エージェントは，「賛成」を選ぼうが「反対」を選ぼうが大勢に影響を与えることはない状況に自分がおかれていることになる．このシミュレーションは，エージェントがそのような状況を学習によって知識として獲得していることを示している．

シミュレーション開始後初期段階においては，評価値比が1.0を常に上回り，平均的には過半数の支持を得るという，制度導入に対するある種の「熱狂」のようなものが見られるが，学習が進むにつれてそのような状況は沈静化していく．それは，個々の主体が，経験によって判断した結果，「賛成しようが反対しようが，どちらを選ぼうとも，自分にとっての状況はたいして変わらないという」，ある種のマンネリ状態に陥いることを示している．図4.7は，そのように解釈をすることができると思われる．一方，ナッシュ均衡戦略では，相手の行動を所与として考えるので，このようなことから免れているのである．

はたして，このような状態は望ましいのだろうか？　多数試行後の平均的な傾向としては，支持率が50%を少しでも下回るとすぐ過半数を回復し，制度成立となるが，それはかろうじて過半数を越える程度にしか回復しない．しかしながら，不安定ではあるものの，平均的には支持率は過半数をかろうじてではあるが得ている．したがって，制度は成立し，それによって全員が協調行動を選択する状態に，平均的には到達しているということになる．

単純多数決は，民主制の1つの形態である．制度の導入の是非をこの枠組みによって問うた場合，初期段階では，主体はたしかに明確な判断を示す．が，時を経るにつれ，制度成立が常態と化すと，主体は判断の根拠を見失ったかのごとく，気まぐれな行動をとるようになる．このシミュレーション結果は，多数主体によって構成される社会での民主制の特質を示していると考えることができるのではないか．

あとがき

本書は，ここ何年かに書いた論文を編集・加筆修正して作成したものである．以下，少し補足めいたことを書き連ねておく．

コモンズと環境経済学

経済学は，広い意味でのコモンズ（社会が共有すべき財産）をマネージするための手段をいくつか提案してきた．1つは，競争原理を主とするものである．市場メカニズムを応用したものが代表的である．環境経済学においては，排出権取引，デポジット制度など様々なものが提案され，理論的，あるいは実証的な研究が進められており，それらのうちいくつかは実際に政策手段として適用されている．いま1つは，国家や地方政府による規制など公的管理を主とするものである．環境政策においては，規制が有効な対象が存在する．例えば，禁止的な措置をとらなければならないような汚染物質の排出規制などである．

これらは，個人の利己性と公益性との乖離を埋めようとして提案された手段である．競争原理は，その乖離を個人の利己性の側から，規制的手段は公益の側からその乖離を解消しようとするものということができるだろう．しかしながら，いずれとも完全とはいいがたい．競争原理は「市場の失敗」によって，行政府による規制は「政府の失敗」によって，その不完全性が指摘されている．市場メカニズムが導入されれば，あるいは行政府が介入に立ち上がればそれでひと安心，というわけにいかないのはこれまでの歴史を顧みても明らかである．

ところで，これら2つ以外にも手段が存在するようである．個人や行政府という単位以外に，個人の自発的な参加による組織という中間的な単位がそれである．それらは，私益と公益の乖離を埋めるための重要な役割をはたし得るはずであり，また現実にはたしている．そのような中間的な自発的組織による問題の解決は，あのよく知られた「自由放任の終焉」でケインズ (J.M. Keynes) [34, 邦訳 p. 345] が指摘している．そこでは，半自治的組織体 (semi-autonomous bodies) と呼ばれている．残念ながら，ケインズは自発的中間組織の定義，あるいはそれがいかにして経済システムに作用していくのかといった，政策論を組み立てる上では重要な論点を必ずしも明らかにしているわけではない．

しかしながら，自発的な組織による問題解決も完全ではない．第4章で1つの例を示したように，「組織の失敗」が起こり得るからである．現実を見れば明らかなように，組織は個人を公益に結びつける役割を果たすことが可能である半面，圧力団体と堕してより強力に利己心を貫徹させることによって，かえってコモンズのマネージを失敗することもある．

考えてみれば，経済学が提出するこれら3つの手段はいずれも失敗の可能性をはらんでいることになる．第4章の考察でも少し触れたが，これらの手段の中からどれか単体で問題解決にあたるということは，現実には少ないように思われる．例えば，市場メカニズムによる競争原理を解決の手段として適用する場合，前提として市場メカニズムがうまく機能する条件が整備されなければならない．市場での不正な取引を監視し防止することなどは，競争によって加速される市場参加者の利己心によってはなしえないであろう．これらの3つの手段をいかにして組み合わせれば失敗の可能性の少ない問題解決の手段を提示できるか．それは経済学が明らかにしなければならない課題であり，その作業によって環境経済学は新たな方向性を持った政策手段を提示することができるかもしれない．

しかし，ここで注意しなければならないのは，不正な取引を監視する一方で個人の利己的行動を引き出し得なければ，市場はその機能を十全に発揮しないということである．メカニズムの可能性と限界をふまえた上でのコントロール，その土俵の上で個人の創意工夫に期待すること．これは，市場，政府，そして組織であろうといずれにも共通にあてはまると考えられる．

いずれの手段をとるにしても，個人の創意工夫に期待するということは，人間の利己心を否定することによっては，もはや問題の解決は困難であるということだろう．新たな方向性を持った政策手段の検討にあたって，本書の知見が多少なりとも役立つとすればそれは，人々の利己心から発する合理的な行動は一枚岩ではなく，その違いによってメカニズムなりシステムの振舞いもまた異なってくるということである．人々の合理的行動には，全く自分のことしか顧みない極端な利己的行動と，創意工夫を生み出すような社会性，公共性を含んだ行動との間に，多くの階層が存在すると思われる．それらを行動仮説として定式化し，多数の人々の行動パタンとその相互作用によって経済システムをとらえること．そして，そのようなシステムの現象解明を行うことによって，より現実に役立つような制度設計の理論的な分析ができるのではないだろうか．

エージェントベース・アプローチについて

次に，エージェントベース・アプローチについて少し述べておこう．

現代経済学では，理論分析においては数学を用いたものが主流となっている．序章でも述べたが，経済学において数学が用いられるのは，経済という分析対象が数量的な扱いに比較的馴染むということもあろうが，本来は，長く複雑な論理的推論を支援するためであると思われる．その意味では，エージェントベース・モデルによるコンピュータ・シミュレーションもその役割を十分に果たすはずである．

ところで，エージェントベース・モデルをコンピュータ上でシミュレートすることと，数学的モデルを紙と鉛筆で解くこととの違いは何であろうか．科学方法論的な意義については，例えば，塩沢 [56]，出口 [14] を参照して頂くとして，ここでは両方の作業を行なったことがある者の経験談（？）を書かせて頂こう．

シミュレーションをするからには，プログラムを書かねばならない．このプログラムは，ソースコードの段階では，ただ論理を記述した抽象的なものにすぎず，数学的モデルと方法論的な違いはないようにみえる．しかし，ソースをコンパイルしてソフトウェアとして動き出すと，にわかに抽象論理がモノとして立ち上がり始める．これはプログラミングの面白さの1つである．ここから数学的モデルを紙と鉛筆で解くのとは違う世界へ入っていく．以後は，そのモノと対話しながら，分析対象の考察を進めていくのである．Axelrod[9] のいう第3の方法の醍醐味は，ここにあるような気が私にはする．ただし，これを捉えてただ仮想的 (virtual) な世界に遊んでいるだけではないのか，という批判があるかもしれないが，それはあたらない．抽象化された世界は，数学的モデルであろうとコンピュータの中であろうと仮想的な存在である．重要なのは，抽象世界と現実世界の理論的な対応がきちんとなされているかどうかであって，手法そのものに問題があるわけではない．

シミュレーション・モデルは，開発初期段階においては，プログラマの想定する振舞いをしてくれないものである．なぜなら，プログラムには，モデルが生成する現象が起こり得るために必要な手続きが，すべて書かれていなければならないからである．最初から，それらすべてが明らかであることはまれである．さらに，その手続きは有限時間内に終了するものでなければプログラムとしての意味はない．これらの点で，コンピュータ・シミュレーションという手法には，数学的な経済モデルに隠された前提を明るみに出すという役割も期待される．それによって，数学的モデルの提示する命題が実現するのが，どの程度困難かを明らかにすることができるのではないか．それは，理論的分析が担う重要な役割のはずである．

一方で，シミュレーション・モデルは，プログラマの想定し得ない振舞いをすることもある．この場合，モノとして立ち上がったプログラムを構成するモジュールの動作1つ1つを確認することによって，現象の生成メカニズムを探ることになる．その作業は，経済システムに対する新たな認識を拓くことになるだろう．これは，数学的モデルによる分析では得がたいことではないか．

こうして得られた新たな知見を，数学的モデル分析へフィードバックさせることもできるだろう．これからの経済分析においては，数学的なアプローチとコンピュータ・シミュレーションは，そのような相補的な関係を保つよう留意すべきである．もっとも，それを可能とするには，経済学の専門的な知見とともに，情報科学に関してある水準以上の知見・技術を有している必要がある．それは経済学者には結構な投資となるかもしれない．しかし，壁は案外高くはないのではないか，というのが私の偽らざる感想である．例えば本書で扱われたアルゴリズムを見てもわかるように，決して複雑なものではない．普通に論理を追える能力があれば，十分理解できるはずである．それもそのはずで，GA などの「新しい工学的技術」には，従来の方法をとるよりも，同じ結果をより簡便な手続きで効率的に達成できるからこそ「新」という形容詞がついているのである．これは工学のありがたいところである．プログラミングについても，言語そのものや開発環境の進歩によって，以前よりもかなり取扱いやすくなっている．余談になるが，理論分析で抽象的な数学を操作することを思えば，プログラミングなど簡単なものではないのか，と私には感じられるのだがいかがだろう．いずれにしても，関心のある方は，1 度挑戦してみられることをお勧めする．

おわりに

本書の冒頭に登場した知人は，「環境経済学は政策科学であるから，現実の環境問題を分析し，現実の政策を評価し，現実に政策を形成する上で役に立たねばならない」と述べている．全く同感である．この観点からいえば，本書など環境経済学の末席に座ることすら許されない存在かもしれぬ．私は，そのようなことは百も承知の上で，なおこのような研究をやらずにはいられなかったのである．経済学部学生のときに主流派経済学を学んで感じた，分析枠組みの柔軟性のなさについて，自分の中で決着をつけておきたかったからである．その作業がなければ，環境を経済学的に分析することなどできないのではないか，と考えたからである．一介の学部学生の考えたことが正しかったのかどうか，またそのような作業が私ごとき能力のものに耐え得るものなのかどうか，顧みて小さくない疑問を感じるところではある．が，本書をどことも知れぬ道端に咲いた異形の花としてでも受け入れて頂ければ幸いである．

本書の作成にあたっては，多くの方々の援助を受けた．

植田和弘京都大学大学院経済学研究科・地球環境学堂教授には，多忙の中，本書の原稿を読んで頂いた上，議論する時間をとって頂いた．植田教授の主催する環境経済研究会のメンバーにも，本書の原稿を読んで頂いた．なかでも，岡 敏弘福井県立大学大学院経済・経営学研究科教授には，英国留学中の貴重な時期にも関わらず，詳細なコメントを頂いた．

飯尾 要和歌山大学名誉教授には，ある秋の日の学会において，本書の構想，アプローチ等について議論をする時間を頂いた．当時，私は本書の内容となる材料のほとんどを手にしながら，前へ進むことに躊躇していた．飯尾教授の励ましに背中を押されるようにして，プログラムを書き始めたのである．さらに，同僚の情報科学，数学の研究者の方々には，長きにわたって直接，間接に助けを頂いている．彼らとの出会いがなければ，本書を書くことはできなかったであろう．

また，本書の出版の労を執られた勁草書房の古田理史氏からは，内容や全体の構成についても適切な助言を頂いた．

最後に，論文の収録を許可して頂いた和歌山大学経済学会に感謝の意を表す．

2003年3月
著者

参考文献

[1] W. D. Aha, D. Kibler and M. K. Albert, "Instance–Based Learning Algorithms," *Machine Learning,* vol.6, pp. 37—66, 1991.

[2] 安居院 猛, 長尾知晴,『ジェネティックアルゴリズム』, 昭晃堂, 1993.

[3] J. Andreoni and J. H. Miller, "Auctions with Artificial Adaptive Agents," *Games and Economic Behavior,* vol.10, pp. 39—36, 1995.

[4] 浅子和美, 國則守生, "コモンズの経済理論," 宇沢弘文, 茂木愛一郎（編）,『社会的共通資本——コモンズと都市——』, pp. 71—96, 1994.

[5] ATR システム研究室編,『人工生命と進化システム』, 東京電機大学出版局, 1998.

[6] R. Axelrod, *The Evolution of Cooperation,* Basic Books Inc, New York, 1984;（松田裕之（訳）,『つきあい方の科学——バクテリアから国際関係まで——』, ミネルヴァ書房, 1998).

[7] R. Axelrod, "An Evolutionary Approach to Norms," *American Political Scinece Review,* Vol.80, No.4, pp. 1095—1111, 1986.

[8] R. Axelrod, "The Evolution Strategies in the Iterated Prisoner's Dilemma," In:Lawrence Davis, ed., *Genetic Algorithms and Simulated Annealing,* Los Altos, California, Morgan Kaufmann, pp. 32—41, 1987.

[9] R. Axelrod, *The Complexity of Cooperation: Agent–Based Models of Competition and Collaboration,* Princeton University Press, Priceton, New Jersey, 1997.

[10] 馬場口登, 山田誠二,『人工知能の基礎』（情報系教科書シリーズ第 15 巻）, 昭晃堂, 1999.

[11] D. W. Bromley, *Environment and Economy: Property Rights and Public Policy,* Oxford: Basil Blackwell, 1991.

[12] 千葉徳爾,『増補改訂 はげ山の研究』, そしえて, 1991.

[13] L. D. Davis. ed, *Handbook of Genetic Algorithms,* Van Nostrand Reinhold, 1991;（嘉数侑昇, 三上貞芳, 皆川雅章, 川上 敬, 高取則彦, 鈴木恵二（訳）,『遺伝的アル

ゴリズムハンドブック』, 森北出版, 1994).

[14] 出口 弘, 『複雑系としての経済学——自律的エージェント集団の科学としての経済学を目指して——』(シリーズ・社会科学のフロンティア 6), 日科技連出版社, 2000.

[15] R. Gibbons, *Game Theory for Applied Economists,* Princeton University Press, 1992; (福岡正夫, 須田伸一 (訳), 『経済学のためのゲーム理論』, 創文社, 1995).

[16] G. E. Goldberg, *Genetic algorithms in search, optimization, and machine learning,* Addison-Wesley Publiching Company, Inc, 1989.

[17] J. Greenberg, "Avoiding tax avoidonce: A (repeated)game–theoretic approach," *Journal of Economic Theory,* vol.32, pp. 1—13, 1984.

[18] J. J. Grefenstette, "Credit Assignment in Rule Discovery Systems Based Genetic Algorithms," *Machine Learning,* vol.3, pp. 225—245, 1988.

[19] G. Hardin, "The tragedy of the commons," *Science,* vol.162, pp. 1243—1248, 1968; (京都生命倫理研究会 (訳), 『環境の倫理・下』, 晃平書房, pp. 445–470, 1993).

[20] W. Harrington, "Enforcement leverage when penalties are restricted," *Journal of Public Economics,* vol.37, pp. 29—53, 1988.

[21] D. R. Hofstadter, *Metamagical Themas,* Basic Books Inc, New York, 1985; (竹内郁雄, 斎藤康己, 片桐恭弘 (訳), 『メタマジック・ゲーム——科学と芸術のジグソーパズル——』, 白揚社, 1990).

[22] J. H. Holland, *Adaptation in Natural and Artificial Systems,* University of Michigan Press, 1975, and Second edition, MIT Press, 1992; (嘉数侑昇 (監訳), 皆川雅章, 三上貞芳, 横井浩史, 高取則彦, 鈴木恵二, 川上 敬 (訳), 『遺伝アルゴリズムの理論：自然・人工システムにおける適応, 森北出版, 1999).

[23] J. E. Hopcroft and J. D. Ullman, *Introduction to automata theory, language and computation,* Addison-Wesley, Massachusetts, 1979; (野崎昭弘, 高橋正子, 町田 元 (訳), 『オートマトン 言語理論 計算論 I, II』, サイエンス社, 1984).

[24] J. Holland and J. H. Miller, "Artificial Adaptive Agent in Economic Theory," *American Economic Review, Papers and Proceedings,* Vol.81, pp. 365—370, 1991.

[25] 飯尾 要, 竹内昭浩, "社会行動とオートマトン," 和歌山大学経済理論, Vol.6, No.1, pp .31—43, 1978.

[26] 伊庭斉志, 『遺伝的アルゴリズムの基礎——GA の謎を解く——』, オーム社, 1994.

[27] 伊庭斉志, 『遺伝的プログラミング』, 東京電機大学出版局, 1996.

[28] J. D. Harford, "Firm Behavior under Imperfect Enforceable Pollution Standard and Taxes," *Journal of Environmental Economics and Management,* vol.5, pp. 26—43,

1978.

[29] 和泉 潔, 植田一博, "コンピュータの中の市場:認知機構を持つエージェントからなる人工市場の構築とその評価," 認知科学会誌, Vol.6, No.1, pp. 31—43, 1999.

[30] 和泉 潔, 植田一博, "人工市場入門," 人工知能学会誌, Vol.15, No.6, pp. 941—950, 2000.

[31] L. P. Kaelbling, M. L. Littman, and A. M. Moore, "Reinforcement Learning: A Survey," *Journal of Artificial Intelligence Research,* vol.4, pp. 235—285, 1996.

[32] 神取道宏, "ゲーム理論による静かな革命," 岩井克人, 伊藤元重（編）,『現代の経済理論』, pp. 71—96, 東京大学出版会, 1997.

[33] 鬼頭秀一,『自然保護を問い直す——環境倫理とネットワーク——』, ちくま新書, 1996.

[34] J. M. Keyens, *Essays in Persuasion,* Macmillan Press, 1926;（宮崎義一（訳）,『説得論集』（ケインズ全集, 第 9 巻）, 東洋経済新報社, 1981）.

[35] A. Malik, "Market for Pollution Control When Firms are Noncompliant," *Journal of Environmental Economcs and Management,* vol.18, pp. 97—106, 1990.

[36] R. Marimon, E. McGrattan and T. J. Sargent, "Money as a Medium of Exchange in an Economy with Artificial Intelligent Agents," *Journal of Economc Dynamics and Control,* vol.14, pp. 329—373, 1990.

[37] J. Maynard Smith, *Evolution and the Theory of Games,* Cambridge University Press, 1982;（寺本 英, 梯 正之（訳）,『進化とゲームの理論——闘争の論理——』, 産業図書, 1985）.

[38] R. D. McKelvey and A. McLennan, "Computation of Equilbria in Finite Games," in: H.M. Amman, D.A. Kendrick and J Rust. ed, *Handbook of Computational Economics Vol.1,* North-Holland, 1996.

[39] 三宮信夫, 喜多 一, 玉置 久, 岩元貴司,『遺伝的アルゴリズムと最適化』, 朝倉書房, 1998.

[40] J. Miller, "The Coevolution of Automata in the Repeated Prisoner's Dilemma," *Jounral of Economic Behavior and Organization,* vol.29, pp. 87—112, 1996.

[41] M. Mitchell, *An Introduction to Genetic Algorithm,* MIT Press, 1996.（伊庭斉志（監訳）,『遺伝的アルゴリズムの方法』, 東京電機大学出版局, 1997）.

[42] 宮崎和光, 山村雅幸, 小林重信, "強化学習における報酬割当ての理論的考察," 人工知能学会誌, Vol.9, No.4, pp. 580—587, 1995.

[43] 茂木愛一郎, "世界のコモンズ——スリランカと英国の事例をふまえて——," 宇沢弘文, 茂木愛一郎（編）,『社会的共通資本——コモンズと都市——』, pp. 127—158, 東京大学出版会, 1994.

[44] 西田豊明, 『人工知能の基礎』（情報系コアカリキュラム講座）, 丸善株式会社, 1998.

[45] A. Okada and K. Sakakibara, "The Emergence of The State: A Game Theoretic Approach to Theory of Social Contract," *The Economic Quarterly,* vol.42, No.4, pp. 315—333, 1991.

[46] A. Okada, "The Possibility of Cooperation in an N-Person Prisoners' Dilemma with Institutional Arrangement," *Public Choice,* vol.77, pp. 629—656, 1993.

[47] A. Okada, K. Sakakibara and K. Suga, "The Dynamic Transformation of Political Systems Through Social Contract: A Game Theoretic Approach," *Social Choice and Welfare,* vol.14, pp. 1—21, 1997.

[48] 岡田 章, 『ゲーム理論』, 有斐閣, 1996.

[49] E. Ostrom, *Govering the Commons–The Evolution of Institutions for Collective Action–,* Cambridge University Press, 1990.

[50] C. S. Russell, W. Harrington and W. J. Vaughan, *Enforcing Pollution Control,* Resources for the Future, Washington, D.C., 1986.

[51] C. S. Russell, "Game models for strucuring monitoring system and enforcement systems," *Natural Resouce Modeling,* vol.4, No.2, pp. 143—173, 1990.

[52] S. J. Russell and P. Norvig, *Artificial Intelligence: A Modern Approach,* Prentice-Hall, Inc., 1995; （古川康一（監訳）, 『エージェントアプローチ人工知能』, 共立出版, 1997）.

[53] 坂和正敏, 田中雅博, 『遺伝的アルゴリズム』, 朝倉書店, 1995.

[54] L. S. Shapley and M. Shubik, "On the Core of an Economic System with Externalities," *The American Economic Review,* vol.59, pp. 678—684, 1969.

[55] T. C. Schelling, "Hockey helmets, concealed weapons, and daylight saving," *Journal of Conflict Resolution,* vol.17, pp. 381—428, 1973.

[56] 塩沢由典, 『複雑さの帰結——複雑系経済学試論——』, NTT 出版, 1997.

[57] M. Taylor, *The Possibility of Cooperation,* Cambridge University Press, 1987; （松原 望（訳）, 『協力の可能性-協力, 国家, アナーキー』, 木鐸社, 1995）.

[58] 山岸俊男, "社会的ジレンマ研究の主要な理論的アプローチ," 心理学評論, vol.32, No.3, pp. 262—294, 1989.

[59] 山岸俊男, 『社会的ジレンマのしくみ——「自分一人ぐらいの心理の招くもの」——』, サイエンス社, 1990.

[60] 山村雅幸, 宮崎和光, 小林重信, "エージェントの学習," 人工知能学会誌, Vol.10, No.5, pp. 23—29, 1995.

[61] 山本秀一, "コモンズ・ゲームのシミュレーション解析 (1)," 和歌山大学経済理論,

No.278, pp. 137—155, 1997.

[62] 山本秀一, "コモンズ・ゲームのシミュレーション解析 (2)——単純な適応戦略の進化ゲーム的シミュレーション——," 和歌山大学経済理論, No.279, pp 115—133, 1997.

[63] 山本秀一, "モニタリング費用と政策手段選択," 植田和弘, 岡 敏弘, 新澤秀則（編）,『環境政策の経済学：理論と現実』, 日本評論社, pp. 229—242, 1997.

[64] 山本秀一, "コモンズ・ゲームのシミュレーション解析 (3)——学習機能を持った適応オートマトンによる自律的協調の可能性——," 和歌山大学経済理論, No.281, pp. 161—176, 1998.

[65] 山本秀一, "コモンズ・ゲームのシミュレーション解析 (4)——制度としてのコモンズへ——," 和歌山大学経済理論, No.282, pp. 115—132, 1998.

[66] 山本秀一, "コモンズ・ゲームのシミュレーション解析 (5)——自発的な制度成立の可能性——," 和歌山大学経済理論, No.283, pp. 107—123, 1998.

[67] 山本秀一, "コモンズ・ゲームのシミュレーション解析 (6)——強化学習エージェントによるシミュレーション——," 和歌山大学経済理論, No.299, pp. 33—61, 2001.

[68] 山本秀一, "コモンズ・ゲームのシミュレーション解析 (7)——強化学習エージェントによる制度生成シミュレーション——," 和歌山大学経済理論, No.301, pp. 97—126, 2001.

[69] 畝見達生, "実例に基づく強化学習法," 人工知能学会誌, Vol.7, No.1, pp. 141—151, 1992.

[70] 畝見達生, "強化学習," 人工知能学会誌, Vol.9, No.6, pp. 830—836, 1994.

[71] C. J. C. H. Watkins and P. Dayan, "Technical Note: Q-Learning," *Machine Learning*, vol.8, pp. 279—292, 1992.

索引

著者紹介

1963 年　大阪府生まれ
1988 年　大阪市立大学経済学部卒業
1990 年　大阪大学大学院工学研究科博士前期課程修了後，株式会社三和総合研究所（現 UFJ 総合研究所）研究員を経て
1992 年　和歌山大学経済学部助手
現　在　和歌山大学システム工学部講師
専　攻　環境経済学

環境経済システムの計算理論

2003 年 4 月 20 日　第 1 版第 1 刷発行

著　者　山本秀一（やまもと しゅういち）

発行者　井村寿人

発行所　株式会社　勁草書房（けいそう）

112-0005 東京都文京区水道 2-1-1 振替 00150-2-175253
（編集）電話 03-3815-5277／FAX 03-3814-6968
（営業）電話 03-3814-6861／FAX 03-3814-6854
大日本法令印刷・青木製本

ISBN 4-326-50240-1　Printed in Japan

環境経済システムの計算理論

2015年1月20日 オンデマンド版発行

著　者　山本秀一

発行者　井村寿人

発行所　株式会社　勁草書房

112-0005 東京都文京区水道 2-1-1　振替　00150-2-175253
（編集）電話 03-3815-5277／FAX 03-3814-6968
（営業）電話 03-3814-6861／FAX 03-3814-6854

印刷・製本　（株）デジタルパブリッシングサービス http://www.d-pub.co.jp

AI951

ISBN978-4-326-98194-6　Printed in Japan